物理實驗

3版

柯鎮波 著

東華書局

國家圖書館出版品預行編目資料

物理實驗 / 柯鎮波編著 . – 三版 . -- 臺北市：臺灣東華，
　民 99.08
　　240 面；19x26 公分
　　ISBN 978-957-483-616-1（平裝）

　　1. 物理實驗

330.13　　　　　　　　　　　　　　　　99015679

版權所有 ・ 翻印必究

中華民國九十九年八月三版
中華民國一〇一年三月三版二刷

物理實驗

定價　新臺幣參佰貳拾元整
（外埠酌加運費匯費）

編著者　　柯　　　鎮　　　波
發行人　　卓　　劉　　慶　　弟
出版者　　臺灣東華書局股份有限公司
　　　　　臺北市重慶南路一段一四七號三樓
　　　　　電　話：(02)2311-4027
　　　　　傳　眞：(02)2311-6615
　　　　　郵　撥：0 0 0 6 4 8 1 3
　　　　　網　址：www.tunghua.com.tw
直營門市 1　臺北市重慶南路一段七十七號一樓
　　　　　電　話：(02)2371-9311
直營門市 2　臺北市重慶南路一段一四七號一樓
　　　　　電　話：(02)2382-1762

編輯大意

1. 本書主要配合「物理學」課程，並藉由實驗驗證，以強化同學基本概念並養成活用原理之能力。

2. 本書中之說明主要均參照群冠儀器公司所提供之資料改編而成。

3. 本書編寫因時間匆促恐仍有所不足，尚祈各位學者不吝批評指教以便改正。

目 錄

編輯大意		iii
實驗 1	向心力實驗	1
實驗 2	楊氏係數之測定——測微表	11
實驗 3	轉動慣量測定實驗	19
實驗 4	水銀氣壓計實驗	25
實驗 5	黏滯係數之測定——滾筒式	33
實驗 6	自由落體運動實驗	41
實驗 7	摩擦係數實驗	55
實驗 8	電流磁力之測定	63
實驗 9	光電效應實驗	73
實驗 10	電子電荷與質量比實驗	81
實驗 11	示波器的使用	87
實驗 12	熱功當量實驗	109

實驗 13	克希荷夫定律實驗	117
實驗 14	精緻光學實驗	127
實驗 15	表面張力之測定	219
實驗 16	感應電動勢實驗	225
附錄	李氏圖形實驗	233

實驗 1　向心力實驗

目　的

　　探究物體作圓周運動的現象；測定向心力與物體質量、旋轉半徑及轉速的關係。

儀　器

1. 向心力實驗裝置　　　　　　　　　　　　　　　　　　　　　　　　1 組

(1) 整組外尺寸長 40 cm，寬 32 cm，高 50 cm，重約 6 kg，T 型底座，上附水平調整氣泡，附三支水平調整螺絲，另有 0～1 kg 之拉力量表，轉盤齒輪轉速比為 15：1。
(2) 待測圓形滾輪重為 80、130 及 180 g 三種，鉤片一個重 20 g。
(3) 旋轉半徑之調整可從 50 到 100 mm。
(4) T 型底座下裝有馬達，其轉速約為 3000 rpm。

2. 馬達轉速控制器　　　　　　　　　　　　　　　　　　　　　　　　1 台

　　數位顯示轉速表，馬達轉速輸出齒輪比之選擇，馬達轉速設定裝置及真正馬達轉速之選擇鈕，電源開關及指示燈，附 110 V 電源線及控制馬達連接線。

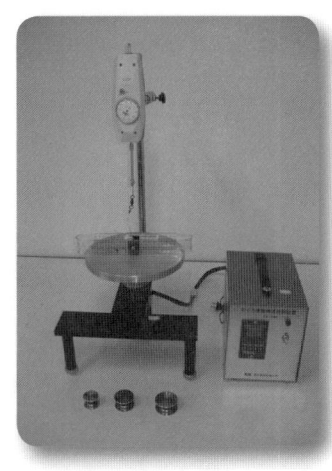

目 的

1. 探究物體作圓周運動的現象。
2. 測定向心力與物體質量的關係。
3. 測定向心力與旋轉半徑的關係。
4. 測定向心力與轉速的關係。

名詞解釋

1. **直線運動**：一物體的運動其方向保持不變稱之。
2. **曲線運動**：一物體的運動其方向、大小隨時皆可能改變稱之。
3. **圓周運動**：一物體沿曲線運動，如其運動軌道恰為一圓稱之。
4. **等速率圓周運動**：一物體作圓周運動中，如物體的速率始終保持一定的稱之。

原 理

一、切線與法線加速度

一般來說，在曲線運動中，其加速度可分解成兩個分量：

1. **法線方向之加速度**：與路徑垂直之分量。

2. 切線方向之加速度：與路徑相切之分量。

在等速率圓周運動中，

1. 切線加速度：$a_t = 0$（∵ 等速率）。
2. 法線加速度：與質點的速率及路徑的曲率半徑，有如下的簡單關係。

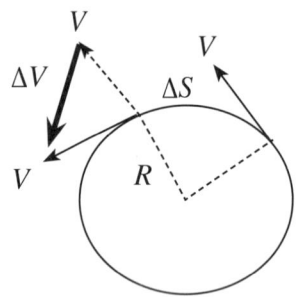

$$\frac{\Delta V}{V} = \frac{\Delta S}{R}$$

$$\Delta V = V \frac{\Delta S}{R}$$

$$\frac{\Delta V}{\Delta t} = \frac{V}{R} \frac{\Delta S}{\Delta t} = \frac{V^2}{R}$$

$$\therefore a_n = \frac{V^2}{R} \tag{1}$$

綜言之：

1. 法線加速度的大小＝切線速率的平方 ÷ 半徑。
2. 法線加速度的方向為沿著半徑指向圓心，故又稱之為向心加速度。

二、牛頓第二運動定律及向心力

1. 依據質點之向心加速度。
2. 依據牛頓第二運動定律。

可求得作用於該質點的向心力，其方程式為：

$$F_n = ma_n = mV^2 / R \tag{2}$$

此力之作用只改變物體運動的方向,而不改變其速率的大小。

三、繞軸轉動的運動

關於物體對一固定軸轉動的運動方程式,一般使用如下三者來表示:

1. 角位置 (θ)。
2. 角速度 (ω)。
3. 角加速度 (α)。

其轉動運動的物理量與平移運動物理量之關係如下:

1. 角位置 = 弧長 ÷ 半徑

$$\theta = S / R$$

2. 角位移 = 末角位置 − 初角位置

$$\Delta \theta = \theta_2 - \theta_1$$

3. 角速度 = 切線速度 ÷ 半徑

$$\omega = \Delta \theta / \Delta t = V / R$$

4. 角加速度 = 切線加速度 ÷ 半徑

$$\alpha = \Delta \omega / \Delta t = a_t / R$$

以 $V = R\omega$ 代入 (2) 式中得

$$F_n = mR\omega^2 \tag{3}$$

即一等速率圓周運動:

1. 向心力 F_n 與質量 m 成正比。
2. 向心力 F_n 與曲率半徑 R 成正比。
3. 向心力 F_n 與角速度(轉速) ω 的平方成正比。

本實驗就是要驗證式 (3) 之關係。

以 MKS 制為單位：

1. F_n：

向心力──以牛頓 (N) 為單位。

若所使用的拉力量表或彈簧秤上的刻度單位是公斤 (kg)，則必須化為牛頓 (N)。1 公斤重等於 9.8 牛頓。

2. ω：

角速率──以弧度／秒 (rad/s) 為單位。

一般而言，馬達的轉速均以每分鐘多少轉 (rpm) 來表示。

1 rpm $= 2\pi / 60$ (rad/s)。

3. R：

曲率半徑──以公尺 (m) 為單位。

 ## 儀　器

1. 向心力實驗裝置附圓形滾輪 80、130 及 180 g 三種，鉤片一個重 20 g。
2. 拉力量表或彈簧秤 500 g 以上。
3. 轉速控制馬達附數位轉速表：

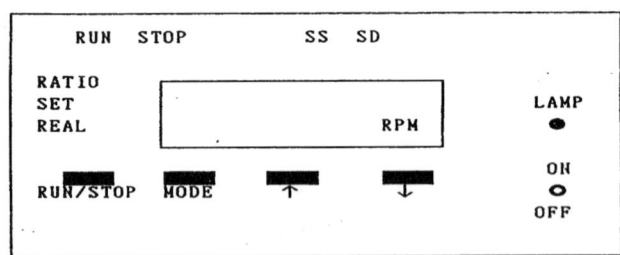

(1) ON/OFF 鈕：電源開關，ON 則指示燈亮，OFF 則指示燈不亮。

(2) RUN/STOP 鈕：按一下，馬達起動，同時上方出現 RUN 字。再按一下，馬達停止，同時上方出現 STOP。

(3) MODE 鈕：控制兩組參數 (RATIO、SET、REAL) 及 (SS、SD)，其轉換方式為按 MODE 超過五秒。

實驗1：向心力實驗

本實驗使用 (RATIO、SET、REAL) 這組。此組參數之變換，只要輕按一下 MODE 即可。

RATIO 是馬達轉速輸出齒輪比，本實驗所用齒輪比為 1：5.0，即實驗轉盤之轉速為馬達之轉速的 1/5.0，RATIO 參數，使用增加鈕↑或降低鈕↓調整至 5.0 止。再輕按一下，出現 SET 參數 (馬達轉速經齒輪轉換後之輸出轉速設定值)，其大小是由增加鈕↑或降低鈕↓來調整。再輕按一下，出現 REAL 參數，此參數是觀察實際轉速，通常與設定值略有出入。

1. ↑鈕：配合 MODE 中之 RATIO 及 SET 參數使用，但對 REAL 參數無用，其使用法是每按一下，數字 (轉速) 增大。
2. ↓鈕：配合 MODE 中之 RATIO 及 SET 參數使用，但對 REAL 參數無用，其使用法是每按一下，數字 (轉速) 減少。

 步　驟

一、轉速及半徑固定，向心力與質量的關係

1. 儀器裝置如圖 1 所示，連接馬達至控制器上，裝上拉力量表。
2. 任取一種滾輪及鉤，先量其質量，再放入轉盤中之溝槽內，接上拉力量表，再量滾輪中心軸至轉盤中心之距離，記為滾輪之旋轉半徑 R。將拉力量表歸零。
3. 接上電源，打開控制器上的 ON/OFF 鈕於 ON 之位置，指示燈亮；先設 RUN/STOP 鈕在 STOP 狀態；再按 MODE 鈕至 RATIO 參數，使用↑鈕及↓鈕，調整至 5.0；再按一下 MODE 鈕至 SET 參數，使用↑鈕及↓鈕，設定轉速，最初設定值以不超過 60 rpm 為宜 (避免馬達一起動即高速運轉，易生危險)；按 ON/OFF 鈕，啟動馬達，再輕按↑鈕，使設定轉速一步一步上升，此設定值以 100～150 rpm 為宜，任取一設定值，並記錄之。

    再按一下 MODE 鈕至 REAL 參數，此時轉速表的轉速與設定值略有出入，但此轉速才是旋轉盤的實際轉速，記錄之 (如轉速表在某兩轉速間變換，可取其平均值)。
4. 觀察此時拉力量表上的刻度值，並記錄之。
5. 將所得滾輪及鉤的質量 m、旋轉半徑 R、實際轉速 ω 及拉力表上的力 F 等大

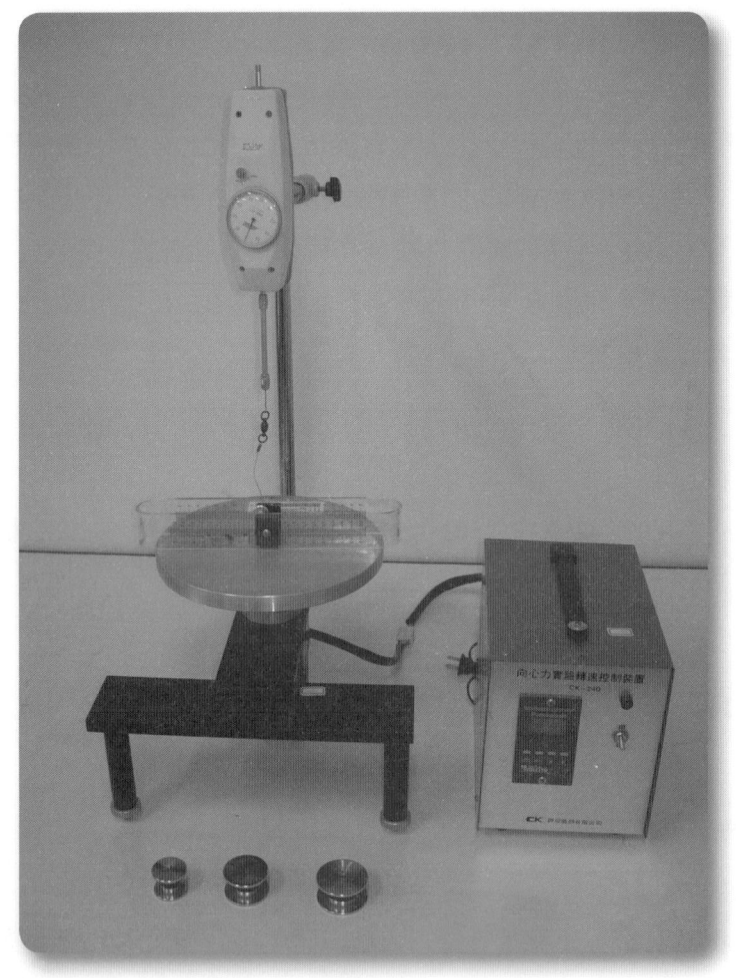

圖 1

　　小，經單位換算及代入公式，算出向心力的實驗值及計算值，並算出百分誤差。
6. 依次換上第二及第三個滾輪，但旋轉半徑及轉速均保持一定，重複上述步驟，並分別記錄其相對的拉力。
7. 以向心力為縱座標，滾輪及鉤之質量為橫座標，畫出向心力與質量的關係圖，並下結論。

二、滾輪質量與轉速固定，向心力與旋轉半徑的關係

1. 儀器裝置如圖 1 所示，連接馬達至控制器上，裝上拉力量表。
2. 任取一種滾輪及鉤，先量其質量，再放入轉盤中之溝槽內，接上拉力表，再量滾輪中心軸至轉盤中心之距離，計為滾輪之旋轉半徑 R。將拉力量表歸零。

3. 接上電源，打開控制器上的 ON/OFF 鈕於 ON 之位置，指示燈亮。先設 RUN/STOP 鈕在 STOP 狀態下，再按 MODE 鈕至 RATIO 參數，使用↑鈕及↓鈕，調整至 5.0，再按一下 MODE 鈕至 SET 參數，使用↑鈕及↓鈕，設定轉速，最初設定值以不超過 60 rpm 為宜 (避免馬達一起動即高速運轉，易生危險)；按 ON/OFF 鈕，啟動馬達，再輕按↑鈕，使設定轉速一步一步上升，此設定值以 100～150 rpm 為宜，任取一設定值，並記錄之。

再按 MODE 鈕至 REAL 參數，此時轉速表的轉速與設定值略有出入，但此轉速才是轉盤的實際轉速，並記錄之 (如轉速表在某兩轉速間變換，可取其平均值)。
4. 觀察此時拉力量表上的刻度值，並記錄之。
5. 將所得滾輪及鉤的質量 m、旋轉半徑 R、實際轉速 ω 及拉力表上的力 F 等大小，經單位換算及代入公式，算出向心力的實驗值及計算值，並算出百分誤差。
6. 不更動滾輪及轉速，只改變滾輪之旋轉半徑，重複上述步驟，得到不同旋轉半徑的拉力 (向心力)，並一一記錄之。
7. 以向心力為縱座標，旋轉半徑為橫座標，畫出向心力與質量的關係圖，並下結論。

三、滾輪質量及旋轉半徑固定，向心力與轉速的關係

1. 儀器裝置如圖 1 所示，連接馬達至控制器上，裝上拉力表。
2. 任取一種滾輪及鉤，先量其質量，再放入轉盤中之溝槽內，接上拉力表，再量滾輪中心軸至轉盤中心之距離，計為滾輪之旋轉半徑 R，將拉力量表歸零。
3. 接上電源，打開控制器上的 ON/OFF 鈕於 ON 之位置，指示燈亮。先設 RUN/STOP 鈕在 STOP 狀態下，再按 MODE 鈕至 RATIO 參數，使用↑鈕及↓鈕，調整至 5.0，再按一下 MODE 鈕至 SET 參數，使用↑鈕及↓鈕，設定轉速，最初設定為 60 rpm 為宜 (避免馬達一起動即高速運轉，易生危險)；按 ON/OFF 鈕，啟動馬達，再輕按↑鈕，使設定轉速一步一步上升，先取設定值約 80 rpm，並記錄之。

再按 MODE 鈕至 REAL 參數，此時轉速表的轉速與設定值略有出入，但此轉速才是轉盤的實際轉速，並記錄之 (如轉速表在某兩轉速間變換，可取其平均值)。
4. 觀察此時拉力量表上的刻度值，並記錄之。
5. 依次將設定值轉速上升至要測量的轉速約 60、70、80、90 rpm，重複上述步驟，並一一記錄其相對之拉力 (向心力)。

6. 將所得滾輪及鉤的質量 m、旋轉半徑 R、實際轉速 ω 及拉力表上的力 F 等大小，經單位換算及代入公式，算出向心力的實驗值及計算值，並算出百分誤差。
7. 以向心力 F 為縱座標，轉速 ω 為橫座標，畫出向心力與轉速的關係圖。
8. 以向心力 F 為縱座標，轉速的平方 ω^2 為橫座標，畫出向心力與轉速平方的關係圖，並下結論。

實驗 2　楊氏係數之測定──測微表

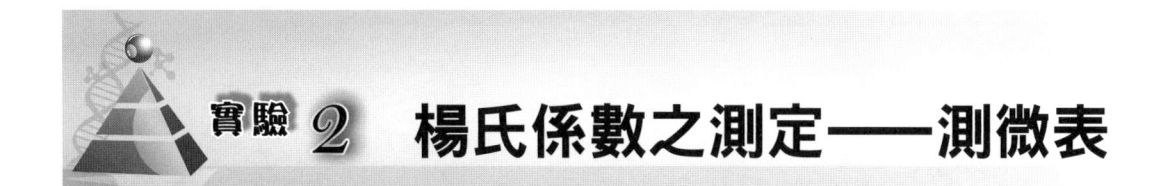

目　的

使用精密量表測量金屬棒受力後彎曲應變，算出該金屬的彈性係數。

儀　器

1. 楊氏係數測定台　　1 台

測試台全長 100 cm 置於兩橫桿式支座上，有 36 孔螺絲固定孔，並有兩組可移動式三爪夾頭 (1/32"～1/2")，右邊夾頭邊附一組測轉矩的活動桿。

2. 磁性固定座　　1 具

可置於台座上，轉 ON 則生磁吸住，轉 OFF 則去磁，另附可上下左右調整的支桿夾，作為裝置精密量表用。

3. 精密量表　　1 個

測量範圍：0～10 mm，精度：0.01 mm。

4. 砝碼組　　1 組

砝碼架附鉤可夾住待測金屬棒，砝碼直徑為 10 cm，計有 100、200、400、500 及 900 g 砝碼各 1 個，100 g 載物盤 1 個。

5. 夾頭板手　　1 支

6. 米尺　　1 支

長 100 cm，最小讀數為 1 mm。

7. 待測棒組　　1 組

(1) 鋁、銅、黃銅及鋼四支，長 510 mm，寬 20 mm，厚 3 mm。
(2) 鋁棒 5 支，長厚均為 510 × 5 mm，寬分別為 10、15、20、25 及 30 mm。
(3) 鋁棒 2 支，長厚均為 510 × 20 mm，寬分別為 6 及 8 mm。
(4) 鋁棒 4 支，寬厚均為 20 × 4 mm，長分別為 210、310、410 及 510 mm。
(5) 鋁棒 1 支，長 510 × 寬 9.5 × 厚 9.5 mm。

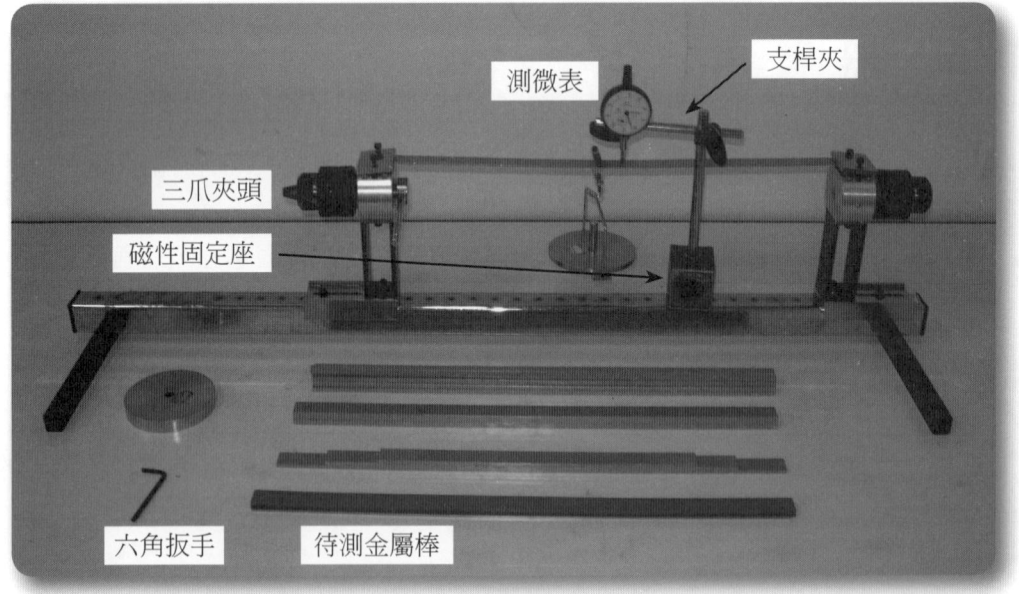

楊氏係數之測定 ——測微表

 目　的

1. 求彈性係數。

2. 以各種規格大小的金屬棒作實驗,以驗證金屬撓度方程式 (彈性曲線方程式)。

 原　理

1. 虎克定律指出一彈性體在彈性限度內,應力與應變成正比。

2. 楊氏彈性係數 (Y):應力與應變之比值稱之。

3. 如圖 1。

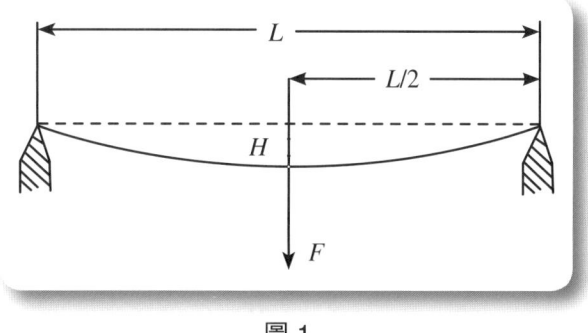

圖 1

(1) 一金屬棒支點在其兩端。
(2) 負荷集中在中央。
(3) 考慮金屬棒的長短、斷面形狀、材料及負荷之分佈。

則金屬撓度方程式 (彈性曲線方程式) 為：

$$H = \frac{FL^3}{4YBt^3} \tag{1}$$

$$\therefore Y = \frac{FL^3}{4HBt^3} \tag{1'}$$

其中　H = 撓度 (中心處凹下距離) (Deflection)。
　　　F = 作用力 (質量 × 重力加速度)。
　　　L = 兩支點間的測試棒長度。
　　　Y = 楊氏彈性係數。
　　　B = 測試棒的寬度。
　　　t = 測試棒的厚度。

於實驗中測出式 (1)' 右邊各物理量的值，即可得金屬棒的楊氏係數。

若以不同材料、不同長度、不同寬度、不同厚度或不同作用力來做實驗，其結果如下：

1. 撓度與楊氏係數的倒數成正比。

即　　　　　　　　　　　　$H \, \alpha \, \dfrac{1}{Y}$

或　　　　　　　　　　　　$H = k_1 \dfrac{1}{Y}$ \qquad (2)

2. 撓度與寬度的倒數成正比。

即　　　　　　　　　　　　$H \, \alpha \, \dfrac{1}{B}$

或　　　　　　　　　　　　$H = k_2 \dfrac{1}{B}$ \qquad (3)

3. 撓度與厚度的立方正比。

　　即　　　　　　　　　　　$H \propto \dfrac{1}{t^3}$

　　或　　　　　　　　　　　$H = k_3 \dfrac{1}{t^3}$ 　　　　　　　(4)

4. 撓度與作用力成正比。

　　即　　　　　　　　　　　$H \propto F$

　　或　　　　　　　　　　　$H = k_4 F$ 　　　　　　　　　　　(5)

5. 撓度與長度的立方成正比。

　　即　　　　　　　　　　　$H \propto L^3$

　　或　　　　　　　　　　　$H = k_5 L^3$ 　　　　　　　　　　(6)

附註：k_1、k_2、k_3、k_4、k_5 為其相關式之比例常數。

綜合式 (2)～(6)，設其比例常數為 K，

故　　　　　　　　　　　　　$H = K \dfrac{FL^3}{YBt^3}$

適當選擇實驗中有關數據，代入即可獲得 K 值，並證明方程式 (1)。

即　　　　　　　　　　　　　$H = \dfrac{FL^3}{4YBt^3}$

儀　器

1. 測定台座。
2. 磁性固定座。
3. 精密量表。
4. 米尺。
5. 扳手。
6. 待測金屬棒 (銅、鋁、黃銅及鋼等 17 種)。

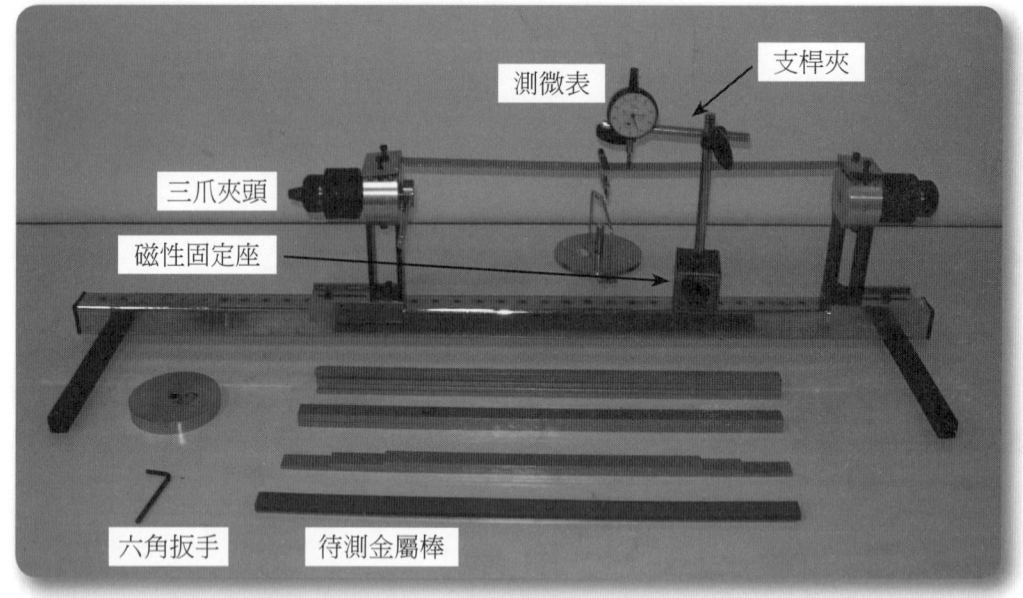

圖 2

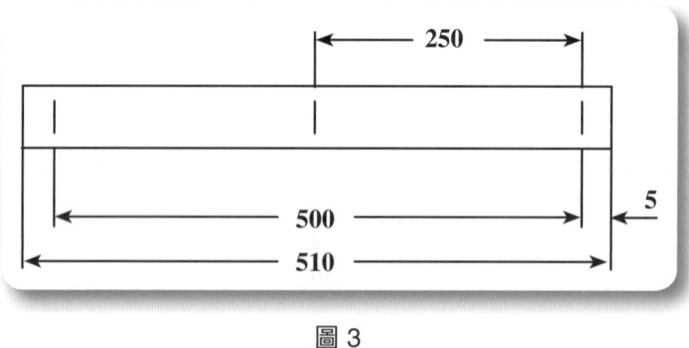

圖 3

步　驟

一、測量不同金屬材料的彈性係數

1. 取 4 支待測棒 (鋁、銅、黃銅及鋼)，其規格大小均相同，分別為長 510 × 寬 20 × 厚 3 mm。並在每支待測棒上做記號，畫出中心線及測試長度 (L) 500 mm 處的標示。

2. 如圖 2 裝置，將砝碼鉤架置於一測試棒中心處，再放在測定台上，並調整兩支點間之距離恰為 500 mm，然後固定之。

3. 將磁性固定座，固定於測定台座上，裝上量表，使其探針接觸砝碼鉤架，記錄此時的刻度讀數為 H_o。

   (∵ 測試棒加重後，向下彎曲，量表讀數減少。

   ∴ H_o 的讀數應調整稍大或接近滿刻度 10 mm。)

4. 小心放置相當於 9.8 牛頓的 1 kg 砝碼 (連鉤盤) 於鉤架上，此時測試棒將彎曲，讀取量表的讀數，記為 H_1。

5. 撓度 (彎曲度) H 等於 $H_o - H_1$ 既已測出，再加上其他量 (F、L、B 及 t) 代入式 (1)' 即可求得此待測金屬棒的楊氏彈性係數 (Y)。

6. 再取另一待測棒，重複前面步驟，求得楊氏彈性係數。如此類推，一直到四支待測金屬棒均測試完成。

二、撓度 H 與楊氏係數 Y 之關係

1. 將步驟一的四種金屬棒測得的撓度 H 及其楊氏係數 Y 的倒數 $\frac{1}{Y}$ 列成一表。

2. 以 $\frac{1}{Y}$ 為橫座標，H 為縱座標，畫出曲線圖。如為直線，即知撓度正比於楊氏係數的倒數 (即 $H \propto \frac{1}{Y}$)。

三、撓度 H 與寬度 B 之關係

1. 取鋁測試棒五支，長均為 510 mm (測試長度 L = 500 mm)，厚均為 5 mm，但寬 (B) 分別為 10、15、20、25 及 30 mm，置於測定台上。

2. 如前步驟一之測量，加重 1 kg (9.8 N) 後，分別量得其撓度 (H)。

3. 以寬度倒數 $\frac{1}{B}$ 為橫座標，撓度 H 為縱座標，畫曲線圖。如為直線，即可知撓度正比於寬度倒數 (即 $H \propto \frac{1}{B}$)。

四、撓度 H 與厚度 t 之關係

1. 取鋁測試棒五支，長均為 510 mm，寬均為 20 mm，但厚度 t 分別為 3、4、5、6 及 10 mm，分別置於測定台上。

2. 如同前面步驟一之測量，加重 1 kg (9.8 N) 後，分別量得其撓度 (H)。

3. 以厚度 3 次方的倒數 $\frac{1}{t^3}$ 為橫座標，撓度 H 為縱座標，畫曲線圖。如為直線，即可知撓度正比於厚度 3 次方的倒數 (即 $H \propto \frac{1}{t^3}$)。

五、撓度 H 與作用力 F 之關係

1. 取鋁測試棒一支,長 510 × 寬 20 × 厚 5 mm,置於測定台上。
2. 如同前面步驟一之測量,分別加重 0.5、1、1.5 及 2 kg,並量得其撓度 H。
3. 以作用力 (重量) F 為橫座標,撓度 H 為縱座標,畫曲線圖。如為直線,即可知撓度正比於作用力 ($H \alpha F$)。

六、撓度 H 與長度 L 之關係

1. 取鋁測試棒四支,寬均為 20 mm,厚均為 4 mm,但長度分別為 210、310、410 及 510 mm,分別置於測定台上。測試長均較試件長少 10 mm。
2. 如同前面步驟一之測量,加重 1 kg (9.8 N) 後,分別量得其撓度。
3. 以長度 3 次方 (L^3) 為橫座標,撓度 H 為縱座標,畫曲線圖。如為直線,即可知撓度正比於長度 3 次方 ($H \alpha L^3$)。

七、驗證彈性曲線方程式

從實驗步驟 2 至 6 所獲得的數據證實如下的關係:

$$H \alpha \frac{FL^3}{YBt^3}$$

$$H = K\frac{FL^3}{YBt^3}$$

適當選擇前面實驗中有關數據代入即可求得比例常數 K。如 K 值接近 0.25,即能與 K 之理論值 $\frac{1}{4}$ 相吻合。

實驗 3　轉動慣量測定實驗

目　的

求轉動慣量及百分誤差。

儀　器

1. 旋轉台　　　　　　　　　　　　　　　　　　　　　　　　　　　1 組

一體成型品，四凸出物，可使直徑 25 cm 的待測物固定，附球軸承，放置在可調水平的 A 字底座上。

2. 滑輪組　　　　　　　　　　　　　　　　　　　　　　　　　　　1 組

附軸承之鋁製滑輪，支架連接在夾座上，支架可調高 15 cm，滑輪可作 90 度仰角調整。

3. 砝碼組　　　　　　　　　　　　　　　　　　　　　　　　　　　1 組

每組含 50 g 掛鉤一個，砝碼 500 g 1 個、200 g 1 個、100 g 1 個、50 g 1 個、20 g 2 個及 10 g 1 個。

4. 金屬圓盤　　　　　　　　　　　　　　　　　　　　　　　　　　1 個

待測物，直徑 25 cm，厚 12 mm，鐵製電鍍。

5. 金屬圓環　　　　　　　　　　　　　　　　　　　　　　　　　　1 個

待測物，直徑 25 cm，中空，高約 55 mm，厚 14 mm。

6. 上皿自動天秤

7. 金屬圓柱

待測物,長 25 cm,直徑 5 cm,鐵製電鍍。

8. 長方形金屬棒

鐵製電鍍,長 86 cm,高、寬各 2 cm,上有等距圓孔 16 個,附二金屬圓柱及螺絲。

轉動慣量測定實驗

 目　的

測定物體繞軸的轉動慣量,並與理論值比較,以百分誤差表之。

 方　法

由落體產生一固定的力矩來轉動待測物體。假定落體與旋轉台的系統遵守能量守恆定律,則可測定物體的轉動慣量。

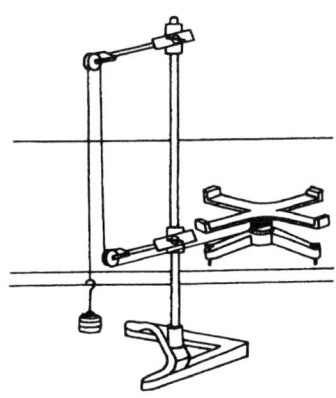

 原　理

考慮圖 1 的系統,

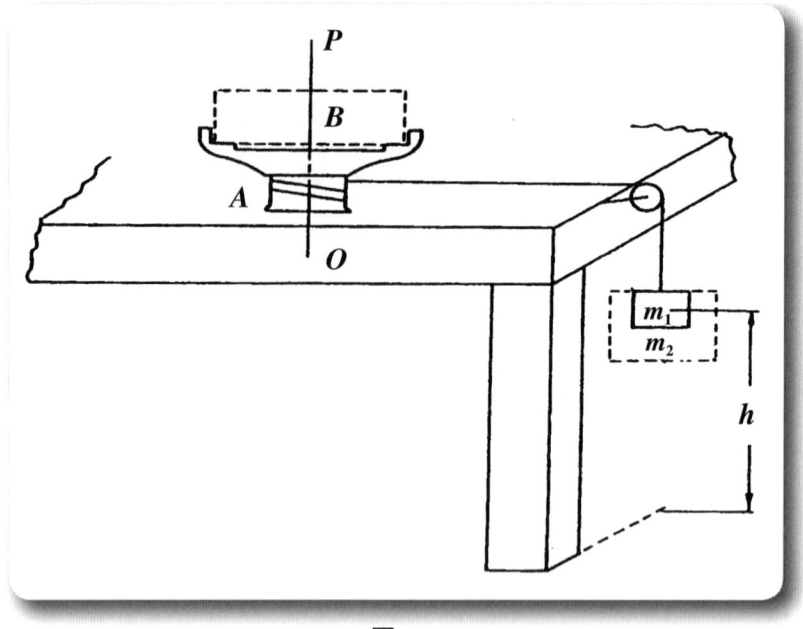

圖 1

1. 旋轉台 A 可以自由的繞 OP 軸旋轉。
2. 當質量 m_1 的物體往下落時，對 OP 軸作用一力矩而使旋轉台轉動。
3. h = 質量 m_1 從靜止往下落的距離。
4. v_1 = 下落距離為 h 時的速度。
5. ω_1 = 旋轉台 A 的角速度。
6. r = 旋轉台相對於 OP 的半徑。
7. I_1 = 旋轉台相對於 OP 軸的轉動慣量。

則

$$v_1 = r\omega_1 \tag{1}$$

依能量守恆定律，則

$$m_1 g h = \frac{1}{2} m_1 v_1^2 + \frac{1}{2} I_1 \omega_1^2 \tag{2}$$

因

1. 施力一定，故 m_1 的加速度為定值。
2. 質量 m_1 是從靜止往下落，故初速為零。

3. 質量 m_1 下落距離 h 時，所經過的時間為 t_1。

$$v_1 = a_1 t_1 \quad (\because \text{初速為零})$$

$$\therefore h = \frac{1}{2} a_1 t_1^2 = \frac{1}{2} v_1 t_1 \tag{3}$$

$$v_1 = \frac{2h}{t_1} \tag{4}$$

將式 (1) 及 (4) 代入式 (2) 得

$$m_1 g = 2m_1 h / t_1^2 + 2I_1 h / t_1^2 r^2 \tag{5}$$

則旋轉台 A 的轉動慣量

$$\therefore I_1 = m_1 r^2 \left(\frac{g t_1^2}{2h} - 1 \right) \tag{6}$$

由實驗測得 h、r 及 t_1，代入式 (6) 中，旋轉台的轉動慣量 I_1 即可求得。

一般物體的形狀，如圖 1 的旋轉台，就很難由**計算**求得其轉動慣量，故通常都以規則形狀的物體來作**實驗**，讓實驗值與理論值能夠互相印證。

假設在圖 1 的系統中加上一規則形狀的物體 B，並將其重心置於 OP 軸上時的轉動慣量為 I_2，則此系統對 OP 軸的總轉動慣量為 $I_1 + I_2$。

假設拖曳此系統的質量為 m_2，下落 h 距離所需的時間為 t_2，則

$$\text{總轉動慣量} = I_1 + I_2 = m_2 r^2 \left(\frac{g t_2^2}{2h} - 1 \right) \tag{7}$$

因此，B 物體的轉動慣量 = (總轉動慣量) − (旋轉台 A 的轉動慣量)

步　驟

1. (1) 用游標尺測量旋轉台繞腰部的半徑 r。

　　(2) 測量各種測物的重量和尺寸。

　　(3) 由附表求出其理論值。

2. 取 4 m 長的細線，一端繞過滑輪繞在旋轉台腰部，一端則繫上鉤盤。

3. 在鉤盤上每次酌量增加重量,直到旋轉台稍微轉動就能夠開始等速旋轉為止。

　　附註:a. 此作用是用來克服摩擦力。

　　　　b. 所加砝碼質量與系統所需的質量比較起來顯得很小,故可以忽略不計。

4. (1) 加上 20 g 到 50 g 的質量 m_1 在鉤盤上,作為系統加速度運動所需之力,精確記錄鉤盤落下的距離 h 及時間 t_1。

　　(2) 取不同質量,重複此步驟。

5. (1) 置待測物體在旋轉台,重複步驟 3。

　　(2) 再加一較大之質量 m_2 於鉤盤上,重複步驟 4。

6. 取不同待測物,重複以上各步驟。

附　表

物　體	軸	轉動慣量
圓盤	通過圓心	$\frac{1}{2}Mr^2$
圓環	通過圓心	$\frac{1}{2}M(r_1^2+r_2^2)$
圓柱 (橫放)	通過圓柱重心	$M(\frac{r^2}{4}+\frac{l^2}{12})$
矩形棒	通過矩形 ab 之重心	$M(\frac{a^2}{12}+\frac{b^2}{12})$

實驗 4　水銀氣壓計實驗

目　的

學習福廷式氣壓計的使用方法及了解其構造原理。

儀　器

福廷式氣壓計　　　　　　　　　　　　　　　　　　　1具

1. 測定範圍：650～820 mmHg。
   最小讀數：0.1 mmHg。
2. 測定範圍：870～1090 mb。
   最小讀數：1 mb。
3. 溫度計1支，−20 ～ +50℃。

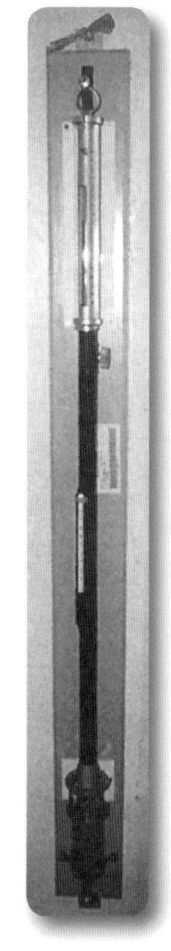

 目 的

學習福廷式氣壓計的使用方法及了解其構造原理。

 原 理

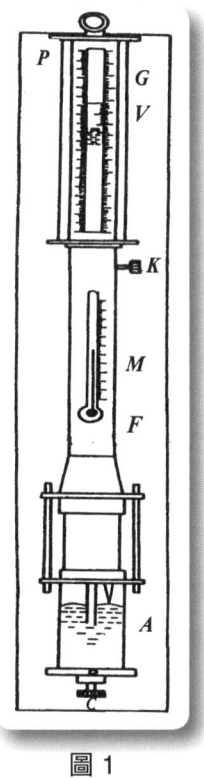

圖1

一、圖 1 所示為福廷式氣壓計的外觀

P：一反光板。

G：是一長方形窗口，其側緣刻有自水銀槽象牙針 Z 量起的米尺 (單位為 mm)。

V：在窗口 G 內的游標尺，可以上下滑動，其讀數精確度為 0.1 mm。

K：是一轉鈕，用來控制游標尺的上下。

M：溫度計。

F：一黃銅管，可由長方形窗口 G 觀察水銀柱的頂端。

二、福廷式氣壓計 (Fortin's Barometer)

標準的水銀氣壓計：由一長而中空的玻璃管 (一端開口，一端閉口) 和一盛滿水銀的水銀槽所組成。

將玻璃管裝滿水銀後倒置使開口端插入水銀槽中，槽中水銀因受當時大氣壓力影響而使管中水銀高度逐漸改變，直到管中水銀重量與管底面積等大的水銀面上所受的壓力相等時，此時管中水銀柱高度即可對應於當時大氣壓力的大小。

如圖 2 所示。

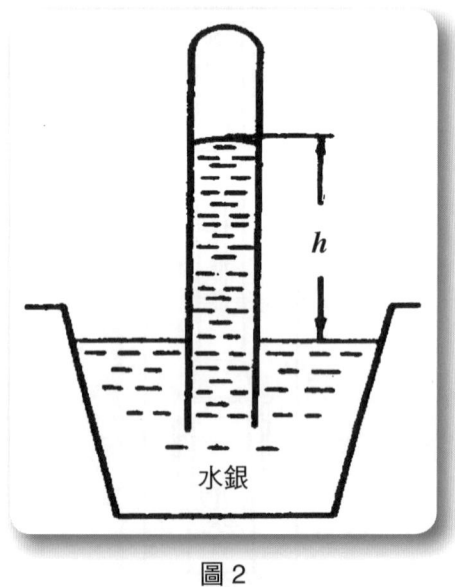

圖 2

截面積為 1 平方厘米的玻璃管,在標準一大氣壓力下,水銀柱將逐漸改變高度,直到其高度 760 mm 為止。

當大氣壓力改變時,水銀柱高度亦隨之改變。

三、圖 3 為氣壓計水銀槽及其附件的放大透視圖

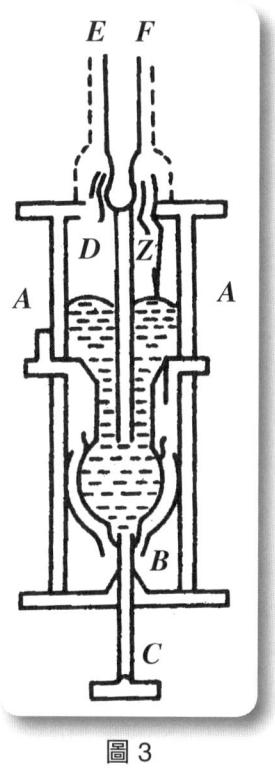

圖 3

A：玻璃管。水銀面的高度可由此觀察。

B：軟革囊。托於水銀槽底端。

C：轉鈕。可調節 A 內水銀面的高度,其頂端與 B 相接。

Z：倒置的象牙針。

E：盛水銀之玻璃管。置於 F 內,倒立於 A 中,管內真空,頂端為閉口。

D：軟革囊。束於 E 上,防水銀之溢出,且兼通氣。

四、氣壓計之修正

1. 溫度修正：將氣壓計內之水銀柱高修正為 0°C 時之值 (∵ 水銀密度與黃銅管均隨溫度而變化)。

   設

   α = 黃銅管的線膨脹係數。

   β = 水銀的膨脹係數。

   H = $t°C$ 時水銀柱之高。

   H_o = 0°C 時之高。

   則

   $$H(1+\alpha t) = H_o(1+\beta t)$$

   $$H_o = H\frac{1+t\alpha}{1+t\beta}$$

   $$\approx H[1+t\alpha - t\beta]$$

   $$H_o \approx H[1-(\beta-\alpha)t]$$

   $$= H[1-(1.82\times 10^{-4} - 19.06\times 10^{-6})t]$$

   $$\therefore \boxed{H_o = H(1-0.000163t)}$$

2. 重力修正：重力加速度是以緯度 45 度之海平面為標準，因此應修正為

   $$\boxed{H_{45} = H_o(1-0.0264\cos 2\Phi - 0.00000032h)}$$

   其中 Φ = 測定處的緯度。

   h = 距海平面之高度。

3. 水銀柱毛細管現象之修正：依照 Kohlerausch 氏之計算，應視水銀凸部之高度及管的直徑修正之，以 Δh 表示之，故正確的氣壓 H_{Hg} 為

   $$\boxed{H_{Hg} = H_{45} - \Delta h}$$

儀　器

福廷式氣壓計　　　　　　　　　　　　　　　　　　　　　　　1 具

1. 測定範圍：650～820 mmHg。
   最小讀數：0.1 mmHg。
2. 測定範圍：870～1090 mb。
   最小讀數：1 mb。
3. 溫度計 1 支，–20 ～ + 50℃。

注意：水銀面升降是由旋鈕 C 來調整，為免儀器損壞，請**緩慢**轉動旋鈕 C。

步　驟

1. 觀察溫度計 M 中的度數並記錄之 (即記錄溫度的度數)。
2. 旋轉旋鈕 C 使象牙針尖 Z 恰觸及水銀面 (可由尖針 Z 映於水銀面內之像與尖針是否相接合而斷定，即校準水銀柱的高度)。
3. 轉動旋鈕 K，使游標尺 V 之下緣恰與水銀柱頭相齊 (如圖 4 所示)，此時恰巧看不到反光板 P 內之反光，記錄此時之刻度為 H (即讀取水銀柱的高度之刻度──H：t℃ 時水銀柱之高)。
4. 重複步驟 (2)、(3)，以取得 H 的讀數三次，並求其平均。
5. 再觀察溫度計 M 的度數並記錄之。
6. 將所得 H 的平均值，經溫度、重力及毛細管現象等修正後，即得該地當時的正確氣壓。

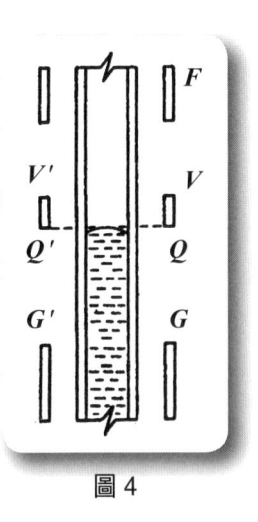

圖 4

步　驟

一、台灣主要城市的海拔、經度和緯度

地　名	台　北	台　中	台　南	高　雄
海拔 (m)	8.0	77.1	12.7	29.1
東經	121°31′	120°41′	120°13′	120°16′
北緯	25°02′	24°09′	23°00′	22°37′

二、氣壓計示度之毛細管修正 (mmHg)

管之直徑 (mm)	7.	8.	9.	10.	11.	12.
0.4	0.18					
0.6	0.28	0.20	0.15			
0.8	0.40	0.29	0.21	0.15	0.10	0.07
1.0	0.53	0.38	0.28	0.20	0.14	0.10
1.2	0.67	0.46	0.33	0.25	0.18	0.13
1.4	0.82	0.56	0.40	0.29	0.21	0.15
1.6	0.97	0.65	0.46	0.33	0.24	0.18
1.8	1.13	0.77	0.52	0.37	0.27	0.19

(水銀面凸部之高度 (mm))

實驗 5　黏滯係數之測定──滾筒式

目　的

1. 測量液體之黏滯係數。
2. 測定液體之黏滯係數隨溫度的升高或下降有何變化。

儀　器

1. 黏滯係數儀　　1 組

(1) 鋁製烤漆底座。
(2) 待測液容器及軸承式滑輪組均固定於底座上。
(3) 容器高約 18 cm，直徑 7 cm。
(4) 容器內並有一鼓軸，鼓軸上有梆線轉輪，鼓軸及轉軸兩端均附於摩擦力極小之支點軸承，鼓軸與容器之固定架上有一制動彈簧鍵以固定轉軸。
(5) 容器外壁上裝置加熱用電熱絲及電插座，附電源線 1 條。

2. 溫度計　　1 支

金屬指針式，範圍 0～110°C，精度 2°C。

3. 砝碼組　　1 組

20 g 砝碼托盤 1 個、10 g 砝碼 10 個。

4. 韌質細線　　1 條

5. 待測液體

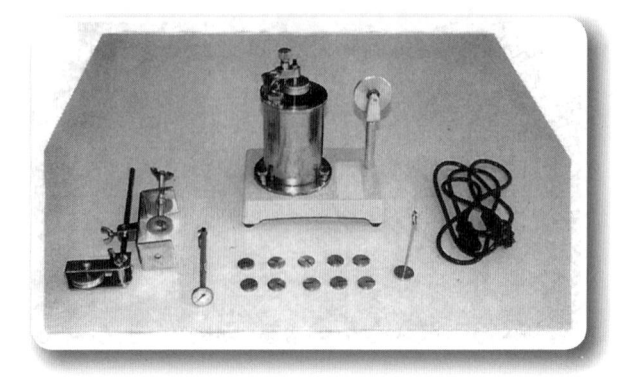

物理實驗

黏滯係數之測定——滾筒式

目 的

1. 測量液體之黏滯係數。
2. 測定液體之黏滯係數隨溫度的升高或下降有何變化。

原 理

1. 黏性：液層間的內摩擦。
2. 因為有黏性的關係，所以要使得流體流動，必須施力，才能使兩相鄰液層互相滑動。
3. 當流體在運動時，黏性就會成為一重要的性質。
4. 因為油黏性比水大，故需施較大的壓力。
5. 在潤滑方面，黏性是一重要因素。如果油的黏性太小，則在接觸面間的薄膜就可能被壓出來；要是油的黏性太大，則由於流體摩擦，因而阻力較大。
6. **黏滯係數** (coefficient of viscosity)：即黏度 η (viscosity)。其定義為切應力與切應變的變率之比。

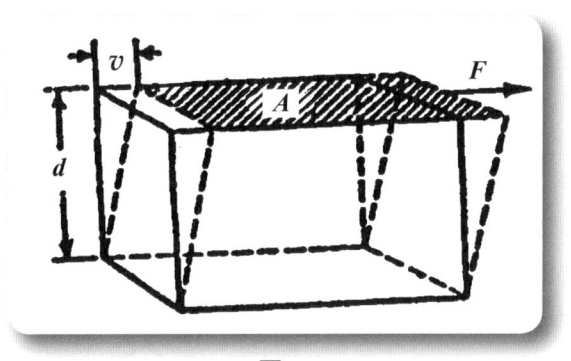

圖 1

在圖 1 中，令矩形平行六面體代表流體的一小體積。則黏滯係數 η 可以下式表示之：

$$\eta = \frac{F/A}{v/d} = \frac{F \times d}{A \times v} \tag{1}$$

其中　　F/A = 切應力，即切線力大小 F 除以橫截面積。
　　　　v 　= 上表面相對於下表面之速度大小。
　　　　d 　= 上表面及下表面之間的距離。
　　　　v/d = 切應變的變率。

∵ 切應變的變率亦稱為速度梯度大小，
∴ 黏滯係數 η 經常被定義為每單位速度梯度大小的切應力大小。

實驗上，測定液體黏性的方法之一為：

1. 在兩圓筒中間被充滿著待測液體 (此液體可潤溼圓筒表面)。
2. 施一力矩使內圓筒 (即轉動圓筒) 相對外圓筒以一定角速度大小轉動。
3. 如圖 2 所示，液體體積為圓筒的一部份，而非矩形平行六面體的一部份。
4. 如果兩圓筒間的距離是遠小於它的直徑，則式 (1) 可用於計算黏性。

本實驗中，
　　　　v = 轉動圓筒的切線速度大小。
　　　　d = 兩圓筒表面間的距離。

本實驗一般使用下面方程式求黏滯係數 η。

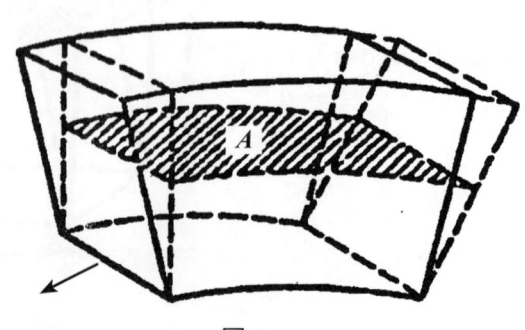

圖 2

$$\eta = \frac{b^2 - a^2}{4\pi a^2 b^2 l} \frac{L}{\omega} \tag{2}$$

其中　a = 轉動圓筒的半徑。

　　　b = 固定圓筒的內半徑。

　　　l = 轉動圓筒的長。

　　　L = 施用的力矩——以絕對單位表示。

　　　ω = 轉動圓筒的角速度大小。

附註：a. 常數 a、b 及 l 都可量知。

　　　b. 在實驗中，只要測定 L 及 ω，則 L/ω 之比值可得之。

儀器說明

黏性儀器 (圖 3)。

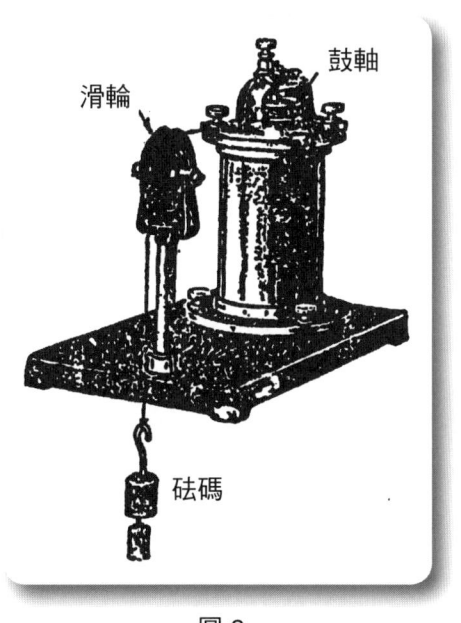

圖 3

於圖 3 中，

1. 轉動圓筒被安置於外圓筒的圓錐形軸承上。

2. 鼓軸則附著於內圓筒 (轉動圓筒) 上。

3. 以一通過滑輪且繞著鼓軸之繩子懸掛著砝碼。

4. 砝碼施一力矩於內圓筒上。

5. 速度的大小,可由砝碼下降一給予距離與其所經過的時間來測得。

設鼓軸半徑為 R,則

$$L = mgR = 砝碼所產生的力矩。$$

$$\omega = \frac{V}{R} = 轉動圓筒的角速度大小。$$

$$V = 線速度大小。$$

將這些式子代入式 (2),可得

$$\boxed{\eta = \frac{(b^2 - a^2) R^2 g}{4\pi a^2 b^2 l} \frac{m}{V}} \tag{3}$$

亦即黏滯係數 = 黏性儀器的常數 × (m / V)。

步　驟

一、黏性係數測定

1. (1) 如果黏性儀器中之常數 (a、b、R 及 l) 皆已給予,則千萬不要自行將儀器拆開。
   (2) 如果這些常數 (a、b、R 及 l) 未給予的話,可在教師指導下,取下內圓筒,並且量度內徑 a、外徑 b、鼓軸半徑 R 及內圓筒長 l (皆可以游標測徑器測之)。
   注意:千萬要小心不要損壞軸承的尖端。
   (3) 取得這些常數 (a、b、R 及 l) 後,將儀器重新裝好,以待測液體 (通常是重潤滑油) 填滿兩圓筒間之空間。

2. (1) 將 5 g 之砝碼附在一細線上,此細線則以盡可能不重合的方式圍繞著鼓軸。
   (2) 用停錶量度砝碼在一給予高度 d 落到地面所需的時間 t。除非液體的黏性低,否則砝碼會很快達到一定的速度,此速度則可取整個落下的距離量之,而有足夠的準確度。
3. (1) 改換砝碼 (10、20、30 或 40 g ……等)，重複 2 之步驟。
　 (2) 將所有結果記錄於表中。
　 (3) 記錄溫度 T。
4. 以 m 值當橫座標，V 當縱座標繪製曲線，此曲線斜率的倒數就是 m/V 的平均值。
5. 從式 (3) 計算黏滯係數 η。

二、黏性隨溫度而變化

1. 以厚石綿將外圓筒與桌子絕緣。
2. 以圓錐形金屬夾套將儀器套住以降低冷卻速度，而且使得夾套與儀器之溫度相等。同時，在兩圓筒間可使用一小直徑的溫度計。
3. 將金屬夾套移開，加溫外圓筒底面，直到油的溫度大約 70°C 為止。
4. 將夾套放回原處，以溫度計攪動液體 (油)，直到頂端與底端的溫度差在 2°C 內。
5. 移去溫度計，量度 10 g 砝碼的下落時間，然後立刻再記錄溫度讀數。
6. 取步驟 4 與 5 中兩溫度之平均值 T_{av}。
7. 當溫度下降時，以步驟 6 之方式，取一系列的點，直到量度時間達半小時以上。
8. 繪黏滯係數 η 對溫度平均值 T_{av} 之曲線圖。
9. 如果有教師的允許，同學可以自己帶來的特殊油樣品作此實驗的比較。
10. 做完實驗後，將儀器及桌子清除乾淨。

實驗 6　自由落體運動實驗

目　的

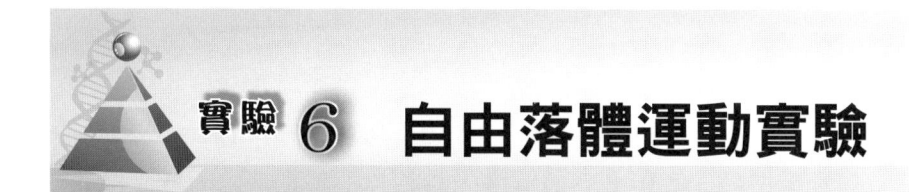

　　研究落體運動情形,並測量物體落下距離與時間的關係,推算出當地的重力加速度值。

儀　器

1. 自由落體裝置　　　　　　　　　　　　　　　　　　　　　　　　1 組

(1) 三角形鑄鐵烤漆底座,附水平調整螺絲。

(2) 不鏽鋼支柱 3 支,長 1700 mm,直徑 19 mm,支柱上附光電管夾座 3 組。

(3) 支柱頂端以烤漆鐵板固定,板上並留有電磁座。

(4) 電磁鐵 1 個、鉛錘 1 個、韌質細線 1 條、捲尺 (鎖在 L 型架上) 1 個、鋼球 1 個。

2. 光電控制計時器　　　　　　　　　　　　　　　　　　　　　　　1 台

外殼：ABS 一體射出成型,尺寸約 $165 \times 125 \times 100$ mm。

九大功能：

    (1) 手動計時　　　　　　　　(2) 瞬間計時

    (3) 時差計時　　　　　　　　(4) 自由落體測試 (初速等於零)

    (5) 自由落體測試 (初速不等於零)　(6) 計次計時

    (7) 瞬時速度測量　　　　　　(8) 平均速度測量

    (9) 多組多段瞬時計時 (兩段碰撞時間記憶)

各項功能均附有多組記憶能力。

[規格] **A.** 四位數數位顯示器,精度為 0.1、0.01、0.001、0.0001 秒四種,其選擇時基,機器會自動選擇最佳解析度與最適度的時基,不需設定。

B. 內部石英晶體基礎時基為 0.1 × S。

C. 機器工作環境溫度為 $-25 \sim 100$℃。

D. 儀器消耗能量:電源 AC 110V 500 mW (0.5 W)。

E. 測試時間範圍 0~999 秒。

F. 測試距離 0~999 mm。

G. 計次計時的次數為 0~9999 次。

H. 4 組光電管顯示燈。

3. 光發射及接收管　　　　　　　　　　　　　　　　　　3 組

ㄇ字型,內裝光發射及接收晶體,附耳機接線。

自由落體運動實驗

目 的

研究落體運動並測量重力加速度 g 值。

方 法

當測試鐵球自由落下時，

1. 測量自起始位置至某段距離的時間。
2. 測量鐵球行經兩處不同位置的時間。
3. 分別求出重力加速度 g 值。

原 理

一、平均速率

平均速率 = 距離的增加量 ΔS ÷ 所經過的時間 Δt

$$\overline{V} \equiv \frac{\Delta S}{\Delta t} \tag{1}$$

二、瞬時速率

瞬時速率 = 在此段時間趨近於零的極限下之平均速率，或以極限符號表示為：

$$V \equiv \lim_{\Delta t \to 0} \frac{\Delta S}{\Delta t} \tag{2}$$

其中 ΔS = 物體在 Δt 時間內距離的增加量。

圖 1 的曲線表示了一自由落體運動距離與時間關係圖。

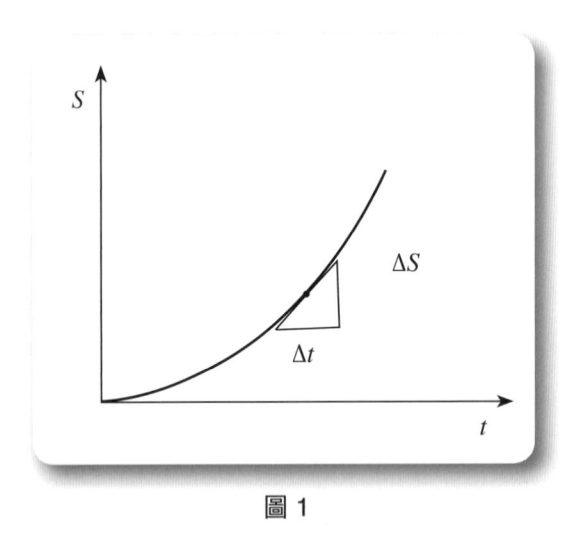

圖 1

在任何時刻 t 的瞬時速率即曲線上在時間為 t 時的切線斜率。

注意：式 (2) 即為斜率的定義。

若一等速運動的物體，其斜率必為定值，則此曲線必為一直線。

對自由落體運動而言，

∵ 速率一直隨著時間的增長而加快。

∴ 距離與時間關係圖的曲線顯然並非直線。

三、平均加速度

加速度運動：物體的速度有變化之運動。

平均加速度 = 速度的變化量 ÷ 所經過的時間

$$\bar{a} \equiv \frac{V_t - V_o}{t} \tag{3}$$

即 $\bar{a}$ = 速度在 t 時間內，由 V_o 變成 V_t 的平均加速度。

由式 (3) 加速度的單位因次 = 速度除以時間，在公制 CGS 中，加速度的單位 = 每秒厘米，即厘米／秒。

等加速度運動：若一物體沿著直線運動，而且單位時間內速度的改變量一定，則加速度為常數，這種運動稱之。

這種類型的運動乃是物體受一定力作用下的結果。

距離、速度與時間的關係，在等加速度的大小 = a 時，從式 (3) 中的定義可直接得

$$V_t = V_o + at \tag{4}$$

1. 速度 V_t 和時間 t 的關係。

2. 式 (4) 為一直線方程式。

3. 此直線的斜率即為 a。

由於等加速度運動即表示加速度為定值，圖 2 的曲線為一等加速度運動的速度與時間關係圖。

所以在 t 時間內速度的平均值 $\bar{V} = (V_o + V_t) / 2$。

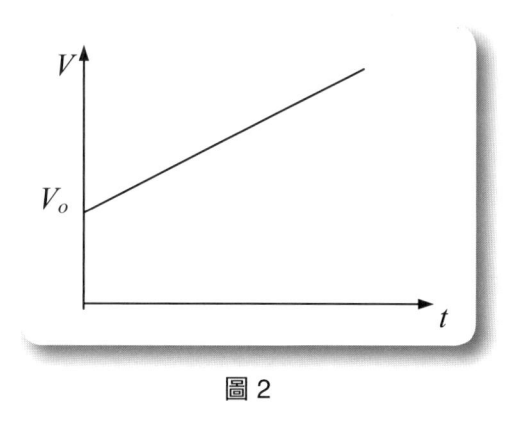

圖 2

$$\because \overline{V} = \frac{\Delta S}{\Delta t} = \frac{S-0}{t-0}$$

$$\therefore S = \overline{V}t = \frac{V_t + V_o}{2}t \qquad (5)$$

將式 (4) 代入式 (5)，得

$$S = V_o t + \frac{1}{2}at^2 \qquad (6)$$

式 (6) 為一曲線方程式，此曲線在各點的斜率即為各該時刻的速度。

最常見的例子為自由落體運動：

1. 其加速度 $g \equiv$ 重力加速度，它大約為 980 厘米／秒，在地球上不同的地點會有少許的變化。

2. 初速度 $V_o = 0$，以 $V_o = 0$ 及 $a = g$ 代入式 (6)，則

$$S = \frac{1}{2}g\,t^2 \qquad (7)$$

即

$$\boxed{g = \frac{2S}{t^2}} \qquad (8)$$

其次當落體自由落下時，經過某一點 A 至另外二點 B、C 的距離各為 S_1 與 S_2，時間為 t_1 與 t_2，則

$$S_1 = V_1 t_1 + \frac{1}{2}g\,t_1^2 \qquad (9)$$

$$S_2 = V_1 t_2 + \frac{1}{2}g\,t_2^2 \qquad (10)$$

由式 (9) 式 (10) 兩式得

$$\boxed{g = \frac{2(S_2 t_1 - S_1 t_2)}{t_1 t_2 (t_2 - t_1)}} \qquad (11)$$

儀　器

　　光電計時裝置 (光電控制計數計時器、發射管、檢測管、支架、十字接頭、耳機線、電磁鐵)、鉛球及細線、米尺、鋼杯、測試鐵球。

步　驟

一、直接測量法

1. 於儀器裝置中，將電磁鐵、發射管、檢測管與光電控制計時器以耳機線確實連接在適當位置。鋼杯附沙放在底座圓洞內。
2. 移動鉛錘線到電磁鐵尖端，調整水平旋鈕使支柱垂直，並使錘線剛好在兩相對的光電管中心連線上。
3. 調整光電控制器之起始與終端的靈敏旋鈕至適當位置，使光檢裝置能確實操作。
4. 將測試鐵球放在電磁鐵下之尖端，打開電磁鐵電源，調整電流至能吸住為止。
5. 移動啟動組，至測試鐵球最下端恰在兩管中心連線上，亦即磁鐵一落下，計時即開始，即圖 3 所示。

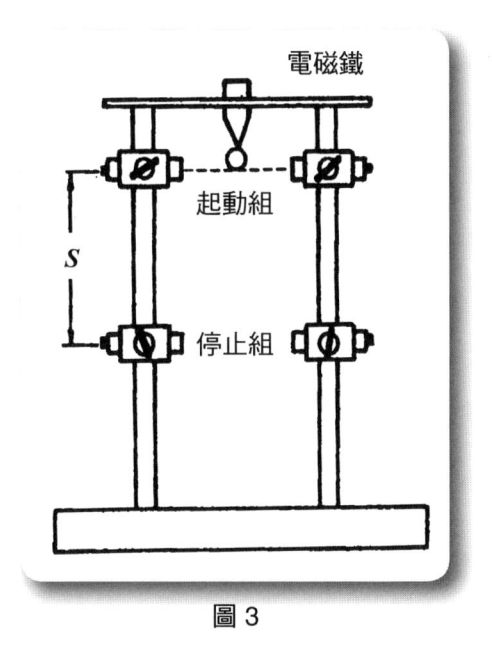

圖 3

6. 移動停止組距啟動組約 50 cm 處，並記錄其距離 S。
7. 測量時間時先將計時器歸零，然後切斷電磁鐵電源，測試鐵球即自然落下，記錄經過時間 t，代入式 (8) 即可得到 g 值。
8. 改變停止組至啟動組的距離，每次約增加 15 cm，重複上述步驟四次，求 g 之平均值。

二、間接測量

1. 降低起動組，距離電磁鐵約 20 cm 左右。如圖 4 所示。
2. 移動停止組至某一位置，記錄起動組至停止組的距離 S_1 及經過時間 t_1。
3. 起動組不動，只移動停止組至另一位置，記錄此時的距離 S_2 與時間 t_2。
4. 重新調整起動組並重複步驟 2、3 四次，代入 (11)，求取 g 之平均值。

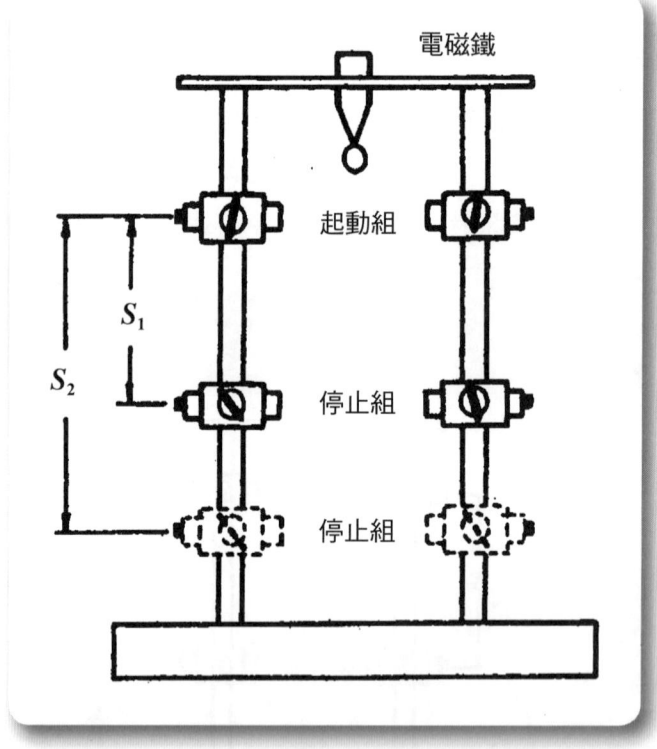

圖 4

功能四：自由落體測試 (初速等於零)

一、使用說明

1. 此測量從物體開始運動 ($V_o = 0$) 便起動計時器。
2. 中途所經過的測試點均會自動記憶，面板則顯示目前計時器的時間。
3. 當物體經過停止管 (PJ1) 時方停止計時。
4. 若想中途強迫停止計時，只須壓 停止鍵 即可。
5. 每支光電管所記憶的時間值，可藉由記憶呼叫來取得。
6. 記憶呼叫時，光電管的號碼便是記憶組別的號碼。

二、使用步驟

1. 將待使用的光電管插入 PJ1、PJ2、PJ3 或 PJ4 之相對的插座。
2. 把光電管鎖於支柱鐵架上，且置於待測物體所行進路線上。
3. 壓 電源鍵，其面板會顯示 CH-1。
4. 壓入 功能設定 → 4，則便進入功能四之狀態。
5. 若要累計瞬時間，則關掉自動歸零之功能，指示燈不亮。
6. 使用雙軸連接線將電磁鐵連接至機器背部之電磁鐵插座上，將電磁鐵置於固定之位置，取一鐵球讓電磁鐵吸住，以當做自由落體用。
7. 壓入 起動鍵 時，鐵球便離開電磁鐵而自由落下，計時器開始計時，一直到鐵球觸及停止光電管 (PJ1) 時方停止計時。
8. 若於測量後想觀看其他各組的結果時，可利用機器的記憶呼叫，其步驟如下：

   記憶呼叫 → 數字鍵 1～4 (依呼叫的組別而定)。

三、使用範例

1. 示意圖

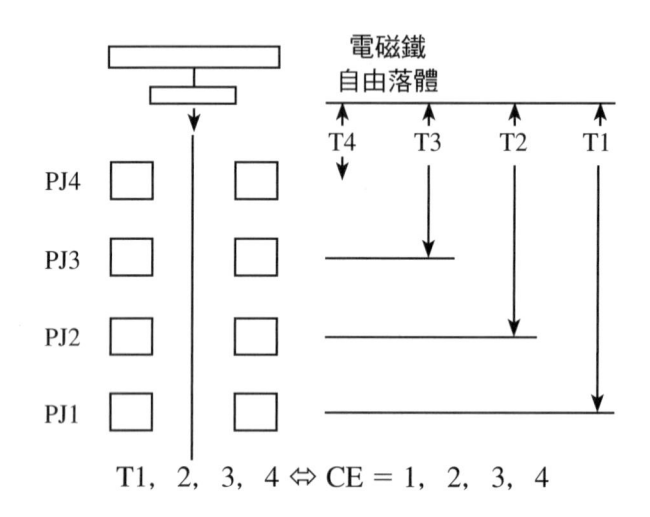

T1, 2, 3, 4 ⇔ CE = 1, 2, 3, 4

2. 流程圖

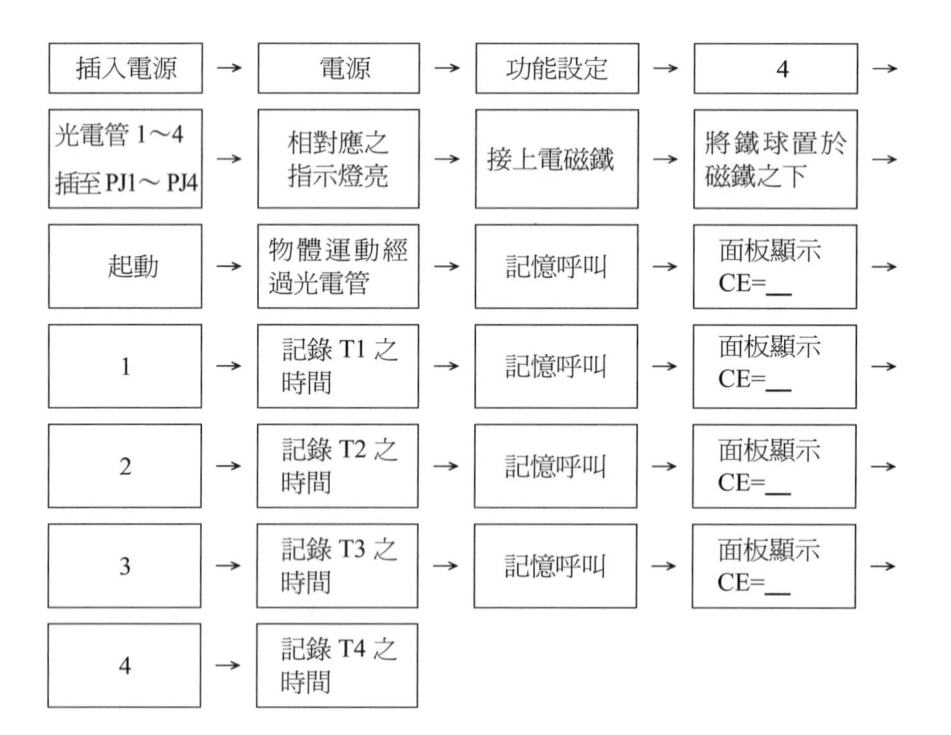

插入電源	→	電源	→	功能設定	→	4	→
光電管 1～4 插至 PJ1～PJ4	→	相對應之指示燈亮	→	接上電磁鐵	→	將鐵球置於磁鐵之下	→
起動	→	物體運動經過光電管	→	記憶呼叫	→	面板顯示 CE=__	→
1	→	記錄 T1 之時間	→	記憶呼叫	→	面板顯示 CE=__	→
2	→	記錄 T2 之時間	→	記憶呼叫	→	面板顯示 CE=__	→
3	→	記錄 T3 之時間	→	記憶呼叫	→	面板顯示 CE=__	→
4	→	記錄 T4 之時間					

功能五：自由落體測試 (初速不等於零)

一、使用說明

1. 此測量從物體經過第一檢測器便起動計時器。
2. 中途所經過的測試點均會自動記憶。
3. 面板則顯示目前計時器的時間。
4. 當物體經過停止管 (PJ1) 時方停止計時。
5. 若想中途強迫停止計時，只須壓 停止鍵 即可。
6. 每支光電管所記憶的時間值，可藉由記憶呼叫來取得。
7. 記憶呼叫時，光電管的號碼便是記憶組別的號碼。

二、使用步驟

1. 將待使用的光電管插入 PJ1、PJ2、PJ3 或 PJ4 之相對的插座。
2. 把光電管鎖於支柱鐵架上，且置於待測物體所行進路線上。
3. 壓 電源鍵，其面板會顯示 CH-1。
4. 壓入 功能設定 → 5，則便進入功能五之狀態。
5. 若要累計瞬時間，則關掉自動歸零之功能，指示燈不亮。
6. 使用雙軸連接線將電磁鐵連接至機器背部之電磁鐵插座上，將電磁鐵置於固定之位置，取一鐵球讓電磁鐵吸住，以當做自由落體用。
7. 壓入 起動鍵 時，鐵球便離開電磁鐵而自由落下，此時計時器並未計時，當鐵球通過第一檢測器 (PJ4) 時，計時開始，一直到鐵球觸及停止光電管 (PJ1) 時方停止計時。
8. 若於測量後想觀看其他各組的結果時，可利用機器的記憶呼叫，其步驟如下：

　　　　記憶呼叫 → 數字鍵 1～4 (依呼叫的組別而定)。

三、使用範例

1. 示意圖

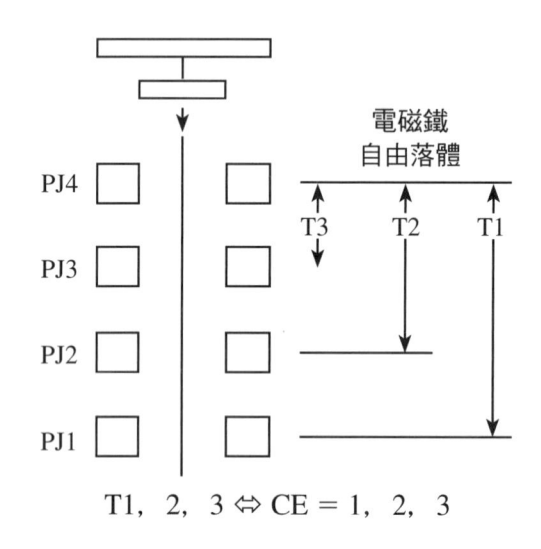

PJ4　　　　　電磁鐵
　　　　　　自由落體
PJ3　　T3　T2　T1

PJ2

PJ1

T1, 2, 3 ⇔ CE = 1, 2, 3

2. 流程圖

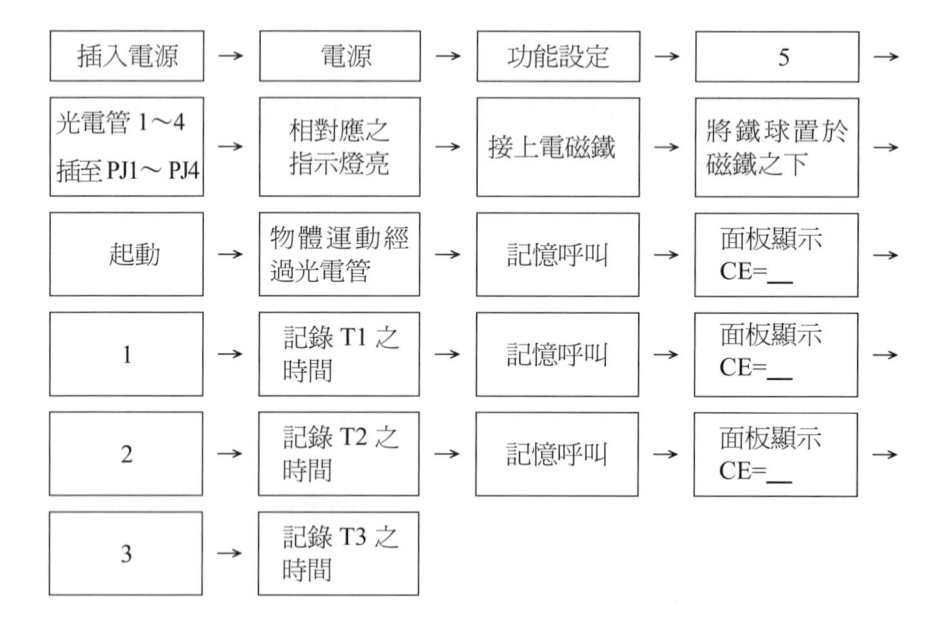

插入電源	→	電源	→	功能設定	→	5	→
光電管 1～4 插至 PJ1～PJ4	→	相對應之指示燈亮	→	接上電磁鐵	→	將鐵球置於磁鐵之下	→
起動	→	物體運動經過光電管	→	記憶呼叫	→	面板顯示 CE=__	
1	→	記錄 T1 之時間	→	記憶呼叫	→	面板顯示 CE=__	→
2	→	記錄 T2 之時間	→	記憶呼叫	→	面板顯示 CE=__	→
3	→	記錄 T3 之時間					

附 表

一、台灣主要城市之重力加速度 (cm / sec^2)

地 名	台 北	台 中	台 南	高 雄
重力加速度	978.707	976.516	978.426	977.896

實驗 7　摩擦係數實驗

目　的

1. 測量兩物體間之滑動摩擦係數。
2. 驗證摩擦力與正壓力、表面特性、材質、表面積及速度的關係。

儀　器

1. 摩擦實驗台　　　　1 組

(1) 實驗平台為鐵製烤漆，長約 65 cm。
(2) 驅動馬達：10 rpm，110 V 60 Hz。
(3) 量力表：0～2 N，精度 0.1 N。
(4) 轉動軸：小轉軸直徑 7.5 mm，大轉軸直徑 15 mm。

2. 載物平台　　　　1 個

鋁製，165 × 115 × 3 mm。

3. 摩擦平板　　　　1 個

鋁製，大小為 148 × 90 × 6 mm。反面貼絨布。

4. 摩擦平板　　　　1 個

PVC製，大小為 148 × 90 × 6 mm。

5. 摩擦物體　　　　1 個

鋁製，重 1 N。

6. 摩擦物體　　　　　　　　　　　　　　　　　　　　　　1 個

銅製，重 1 N，反面貼絨布。

7. 砝碼　　　　　　　　　　　　　　　　　　　　　　　　8 個

重 1 N。

摩擦係數實驗

目 的

1. 測量兩物體間之滑動摩擦係數。
2. 驗證摩擦力與正壓力、表面特性、材質、表面積及速度的關係。

原 理

摩擦力：一個物體的表面，滑過另一個物體表面時，此兩表面間，即有一相互作用力，此力稱之。

摩擦力的現象，可由以圖 1 說明之。

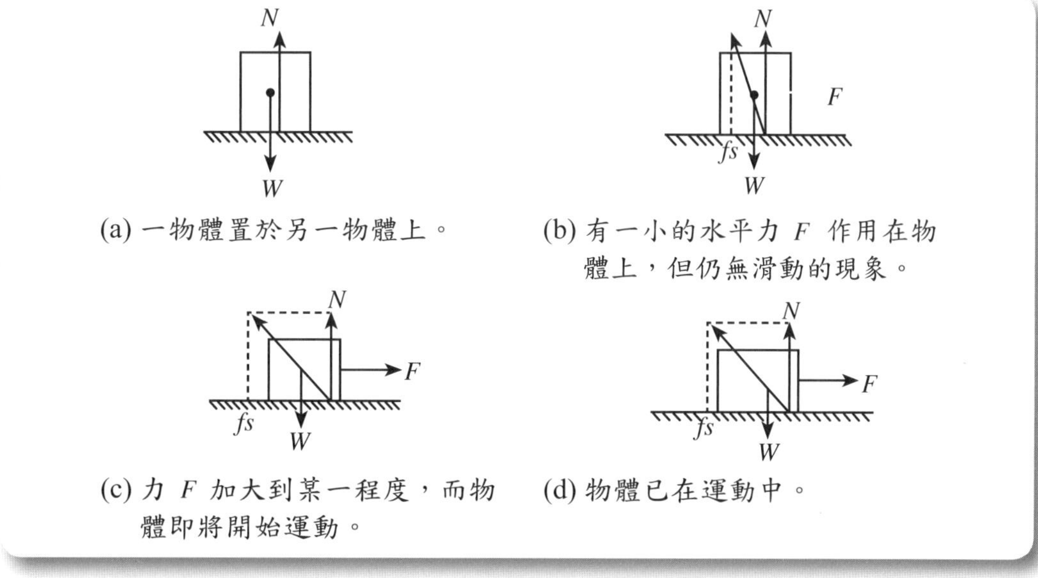

(a) 一物體置於另一物體上。

(b) 有一小的水平力 F 作用在物體上，但仍無滑動的現象。

(c) 力 F 加大到某一程度，而物體即將開始運動。

(d) 物體已在運動中。

圖 1

摩擦力的大小，從經驗中得到的關係式如下：

$$f_S \leq \mu_S N \tag{1}$$

及

$$f_K \leq \mu_K N \tag{2}$$

其中，f_S = 靜摩擦力。
μ_S = 靜摩擦係數。
N = 正壓力。
f_K = 動摩擦力。
μ_K = 動摩擦係數。

由 (1)、(2) 式知：

1. 摩擦力與正壓力成正比例關係。
2. 摩擦係數則與兩接觸物體表面的特性有關 (如表面粗糙，則 μ 較大，表面光滑，μ 較小)，而與兩物體間之接觸面積及相對速度無關 (實際上，略有改變)。

在本實驗中我們要研討的有下列六項：

1. 測量兩物體間之滑動摩擦係數。
2. 最大靜摩擦力與滑動摩擦力之關係。
3. 滑動摩擦力與物體表面的關係。
4. 滑動摩擦力與不同材質的關係。
5. 滑動摩擦力與接觸面積的關係。
6. 滑動摩擦力與兩物體相對速度的關係。

儀器說明

本實驗儀器之各部名稱及組合如圖 2 所示：

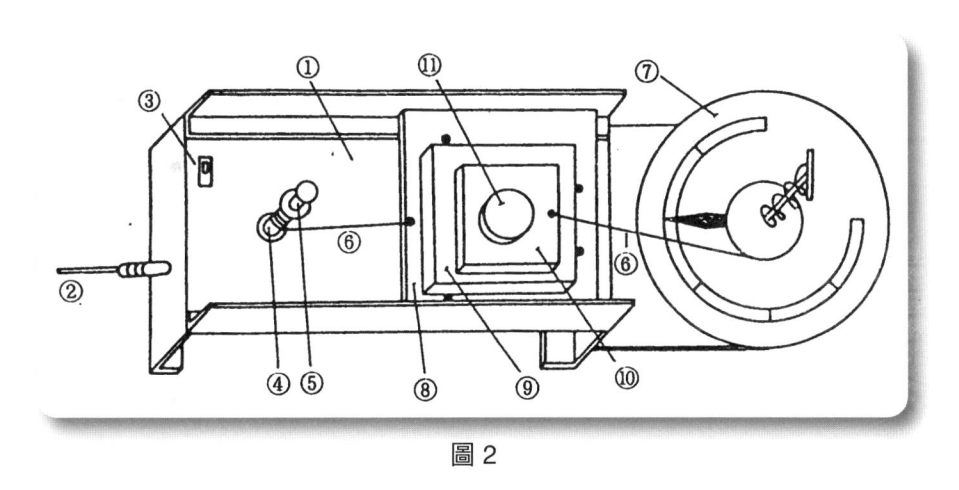

圖 2

1. 摩擦實驗台　　　　　　　　　　　　　　　　　　　　　　　　　　1 組

實驗台 ①、110 V 電源線 ②、電源開關 ③、絞盤之大轉軸 ④、絞盤之小轉軸 ⑤、細線附拉鉤 ⑥、量力表 ⑦：範圍是 0～2 N，精度為 0.02 N。

2. 載物平台　　　　　　　　　　　　　　　　　　　　　　　　　　　　1 塊

載物平台 ⑧：鋁製，大小為 165 × 115 × 3 mm，附鉤釘。

3. 摩擦平板　　　　　　　　　　　　　　　　　　　　　　　　　　　　2 塊

摩擦平板 ⑨：a. 鋁製 1 塊，反面貼絨布。b. 壓克力製 1 塊。
其大小均為 148 × 90 × 6 mm，共有三面 (鋁、布及壓克力) 可供實驗。

4. 摩擦物體　　　　　　　　　　　　　　　　　　　　　　　　　　　　2 塊

摩擦物體 ⑩：a. 鋁製 1 塊，有四面供實驗。
　　　　　　b. 銅製 1 塊，反面貼絨布，有二面 (銅及布) 供實驗。
其重量均為 1 N，其中 A 及 B 面以細砂紙磨成光滑平面，C 及 D 面以粗砂紙磨成粗糙面。

5. 砝碼   8 個

砝碼 ⑪，每個重 0.5 N。

步　驟

一、求滑動摩擦係數

1. 儀器裝置如圖 2 所示。
2. 先取絨布面為摩擦平板 ⑨，放置在載物平台 ⑧ 上，取鋁塊之光滑 A 面為摩擦物體 ⑩，絞盤則使用小轉軸 ⑤。
3. 將量力表 ⑦ 歸零，如指針不在零位置，可在教師指導下，使用工具調整表面上彈簧的鬆緊度。
4. 兩細線 ⑥ 鉤上載物平台 ⑧ 及摩擦物體 ⑩，插上電源 ②，按下開關，馬達帶動小轉軸等速拉動載物平台 ⑧，則摩擦平板 ⑨ 與摩擦物體 ⑩ 有一相對速度運動，此時量力表上即指示期間之滑動摩擦力 f_K，並記錄之，此為相對於正壓力為 1 N 時的摩擦力。
5. 將儀器恢復原來位置，在摩擦物體 (鋁塊) 上，加一個 0.5 N 的砝碼，重複步驟 4，則可得正壓力為 1.5 N 時的摩擦力，並記錄之。如此，再加一個砝碼，重複實驗，則可得一組不同正壓力 (1～5 N)，其相對應的不同摩擦力。
6. 分別將所得的摩擦力 f_K 除以其相對應的正壓力，則得一組滑動摩擦係數 μ_K 值，計算其平均值。
7. 將滑動摩擦係數 μ_K 值中最大的滑動摩擦係數與平均值比較，算出其百分誤差。
8. 將滑動摩擦係數 μ_K 值中最小的滑動摩擦係數與平均值比較，算出其百分誤差。
9. 再取不同的摩擦平板及摩擦物體，重複上述實驗。

二、求最大靜摩擦力與滑動摩擦力之關係

1. 儀器裝置如圖 2 所示。
2. 取絨布面為摩擦平板，放置在載物平台上，取鋁塊之光滑 A 面為摩擦物體，絞盤則使用小轉軸。

3. 在摩擦物體 (鋁塊) 上加 4 個 0.5 N 的砝碼，連同鋁塊共重 3 N，如同步驟一之實驗，打開開關，轉動馬達，此時，必須仔細觀察量力表上的最大值 (兩物體剛開始相對運動時) 及運動後趨於穩定的值，並記錄之，前者即為最大靜摩擦力 f_s，後者為滑動摩擦力 f_K。
4. 重複步驟 3 之實驗，取三次平均值，並大約畫出摩擦力隨時間之變化圖及下結論。
5. 改變摩擦平板及摩擦物體，使成另一摩擦的狀況，重複上述實驗。

三、滑動摩擦力及物體表面之關係

1. 儀器裝置如圖 2 所示。
2. 取絨布面為摩擦平板，放置在載物平台上，取鋁塊之粗糙 C 面為摩擦物體，絞盤則使用小轉軸。
3. 如同步驟一之實驗，得滑動摩擦係數之平均值。
4. 與記錄一 (1) 所得之摩擦係數 (鋁塊使用光滑面 A) 相比較，而得摩擦力與表面之關係，並下結論。

四、滑動摩擦力與不同材質的關係

1. 儀器裝置如圖 2 所示。
2. 取絨布面為摩擦平板，放置在載物平台上，取鋁塊之光滑 A 面為摩擦物體，絞盤則使用小轉軸。
3. 如同步驟一之 4，實驗得滑動摩擦力三次，並平均之。
4. 摩擦物體換成同樣重 1 N 的銅塊 (光滑的程度應與鋁塊相同)，如同鋁塊實驗，得滑動摩擦力之值三次，並平均之。
5. 比較此兩摩擦物體與絨布所得之摩擦力，並下結論。

五、滑動摩擦力與接觸面積的關係

1. 儀器裝置如圖 2 所示。
2. 取絨布面為摩擦平板，放置在載物平台上，鋁塊為摩擦物體，絞盤則使用小轉軸。
3. 鋁塊上有四個摩擦面、分別是 A 面與 B 面同樣光滑，不同面積，C 面與 D 面同樣粗糙，不同面積，就此四個面，按步驟一之4之方法實驗，分別測量其滑動摩擦力三次，並平均之。

4. 比較此兩組摩擦力與面積之關係，並下結論。

六、滑動摩擦力與兩物體相對速度之關係

1. 儀器裝置如圖2所示。

2. 取絨布面為摩擦平板，放置在載物平台上，鋁塊之光滑 A 面為摩擦物體，絞盤使用小轉軸，依步驟一之4實驗，得滑動摩擦力三次，並平均之。

3. 絞盤改變使用大轉軸，同樣實驗，測得滑動摩擦力三次，並平均之。

4. 比較使用大小轉軸所得之摩擦力，並下結論。

實驗 8　電流磁力之測定

目　的

求導磁係數，並與公認值比較。

儀　器

1. 電流天秤　　　　　　　　　　　　　　　　　　　　1 組

(1) 電木絕緣底座：長 355 × 寬 305 × 厚 18 mm，附銅製水平調整螺絲。
(2) 支柱 4 支，固定於底座上，每支並附有接線端子。
(3) 平衡裝置：鍍黑鋁架上有二個刀口，分別架置於後兩支柱上，中間置一可調整平衡桿，桿上置反射式光槓桿 (35 × 45 mm)，可由桿上之兩螺旋作仰角調整，桿之前端有一鋁製剎車片，鋁架上並有ㄇ型金屬電流桿，外徑為 3.2 mm，桿上附有微量砝碼放置槽。
(4) 旋轉式止動平衡裝置。
(5) 磁滯剎車裝置。
(6) 直線型金屬電流桿，長 335 mm，外徑 3.2 mm，固定於前面二支柱間。
(7) 水平儀：固定於底座上，為圓字型的水平調整。

2. 直流電源供應器　　　　　　　　　　　　　　　　　1 台

精密微調電流輸出之供應器，15 V / 10 A，雙電表附短路保護裝置。

3. 砝碼組　　　　　　　　　　　　　　　　　　　　　1 組

全組計有 50 mg × 4 片、10 mg × 10 片。

4. 實驗望遠鏡　　　　　　　　　　　　　　　　　　　　　　　1 組

(1) 望遠鏡：單筒，內有十字對準線，焦距可調。
(2) 望遠鏡架：可放望遠鏡及固定於支柱上。
(3) 望遠鏡座：A 字座附水平調整螺絲 3 支，支柱 1 支，長 75 cm，直徑 9.5 mm。
(4) 米尺及固定夾各 1 支，米尺長 80 cm，水平及垂直兩用，附微調裝置。

5. 槍型連接線

電流磁力之測定

目 的

求導磁係數及百分誤差。

原 理

如圖 1 所示，

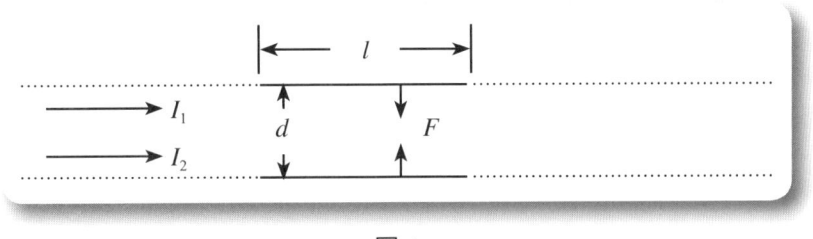

圖 1

兩條無限長平行直導線間之作用力為：

$$F = K \left(\frac{l}{d}\right) I_1 I_2 \tag{1}$$

如使通過兩導線的電流相等，$I_1 = I_2 = I$，則式 (1) 為：

$$F = K \left(\frac{l}{d}\right) I^2$$

$$\therefore \boxed{K = \frac{F}{I^2} \times \frac{d}{l}} \tag{2}$$

其中， $K=$ 導磁係數，即磁力 F 與導線電流 I 的比例常數
　　　 $I=$ 電流
　　　 $F=$ 所加之砝碼重
　　　 $l=$ 受磁力作用之線段長
　　　 $d=$ 兩載流導線間的垂直距離

　　在 SI 制中，安培為電流的單位，且是一個基本量，其意義為若：

1. 兩條無限長的平行導線相距 1 m (在真空中)。
2. 通以相同的電流。
3. 使每公尺導線上感受 2×10^{-7} 牛頓的作用力。

則所通過導線的電流定為 1 A。
　　依此意義，將各條件代入式 (2)，可得 K 值為 2×10^{-7} (N/A^2)。
在本實驗中，

1. $I=$ 電流 (可從安培計中讀出)
2. $F=$ 所加之砝碼重 (轉換以牛頓為單位)
3. $l=$ 受磁力作用之線段長 (以米尺量之)
4. $d=$ 兩載流導線間的垂直距離 (使用光槓桿原理來測量)

如圖 2 所示，其大小為：

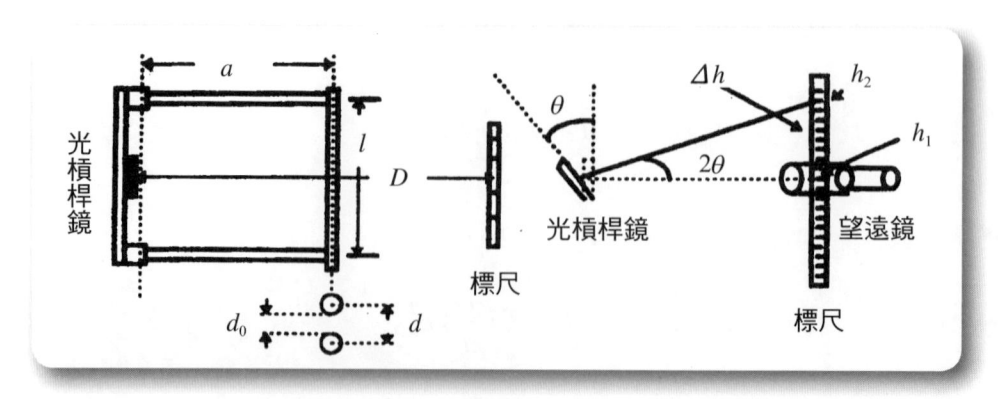

圖2

$$d = d_o + 2r$$

$$\simeq (a\Delta h / 2D) + 2r \tag{3}$$

其中

1. $2r =$ 導線直徑，以游標尺量之。
2. $a =$ 桿臂距離，以米尺量之。
3. $D =$ 光槓桿鏡面與望遠鏡米尺之距離，以卷尺量之。
4. $h_1 =$ 兩導線密接時之讀數。
5. $h_2 =$ 兩導線相距 d 時之讀數。
6. $\Delta h =$ 望遠鏡內於十字準線上二次讀數 h_2 減 h_1 之絕對值，即 $|h_2 - h_1|$。

儀　器

1. 電流天平　　　　　　　　　　　　　　　　　　　　　　　　　　　　1 組

(1) 電木絕緣底座：長 355 × 寬 305 × 厚 18 mm，附銅製水平調整螺絲。
(2) 支柱 4 支，固定於底座上，每支並附有接線端子。
(3) 平衡裝置：鍍黑鋁架上有二個刀口，分別架置於後兩支柱上，中間置一可調整平衡桿，桿上置反射式光槓桿 (35 × 45 mm)，可由桿上之兩螺絲作仰角調整，桿之前端有一鋁製剎車片，鋁架上並有ㄇ型金屬電流桿，外徑為 3.2 mm，桿上附有微量砝碼放置槽。
(4) 旋轉式止動平衡裝置。
(5) 磁滯剎車裝置。
(6) 直線型金屬電流桿，長 335 mm，外徑 3.2 mm，固定於前面二支柱間。
(7) 水平儀：固定於底座上，為圓字型的水平調整。

2. 直流電源供應器　　　　　　　　　　　　　　　　　　　　　　　　　1 台

精密微調電流輸出之供應器，15 V / 10 A，雙電表附短路保護裝置。

3. 砝碼組　　　　　　　　　　　　　　　　　　　　　　　　　　　1 組

全組計有 50 mg × 4 片、10mg × 10 片。

4. 實驗室望遠鏡　　　　　　　　　　　　　　　　　　　　　　　1 組

(1) 望遠鏡：單筒，內有十字對準線，焦距可調。
(2) 望遠鏡架：可放置望遠鏡及固定於支柱上。
(3) 望遠鏡座：A 字座附水平調整螺絲 3 支，支柱 1 支，長 75 cm，直徑 9.5 mm。
(4) 米尺及固定夾各 1 支，米尺長 80 cm，水平及垂直兩用，附微調裝置。

5. 槍型連接線　　　　　　　　　　　　　　　　　　　　　　　　4 條

儀器說明

1. 電流天平：其構造如圖 3，包含：
① 反射鏡、② 平衡鈕、③ 感度鈕、④ 磁滯剎車裝置、⑤ 橫樑、⑥ 刀口、⑦ 刀口座、⑧ 刀口升降鈕、⑨ 框架、⑩ 小砝碼盤、⑪ 移動導線、⑫ 固定導線、⑬ 水平調整螺絲、⑭、⑮、⑯ 及 ⑰ 均為接線端子。

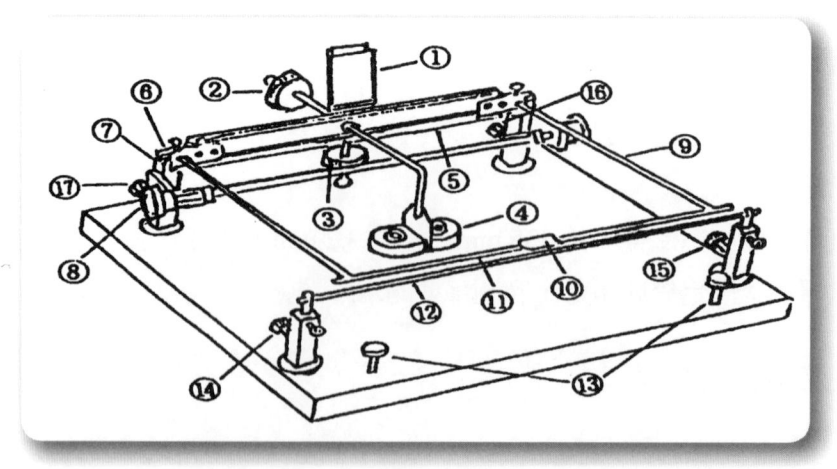

圖 3

2. 實驗室望遠鏡：附米尺及支座。
3. 游標尺。
4. 卷尺。
5. 直流電源供應器：15V / 10A 雙電表附電流微調裝置。
6. 砝碼組 (10、20 或 50 mg)。
7. 連接線若干。

注意事項

1. 電流天平是靈敏儀器，實驗時務必小心，人員避免碰觸桌子。
2. 加砝碼或取砝碼時，務必細心，以免刀口位置滑動，影響望遠鏡內十字準線的位置。
3. 調整移動導線的位置與地磁方向平行，可避免地磁的干擾。
4. 其他載流導線或磁性材料對移動導線也有作用力，應盡量遠離。

儀器介紹

直流電源供應器

日常生活中，我們需要直流電源時，可用乾電池、蓄電池；在實驗室中可用直流電源供應器。

直流電源供應器為一種市電 (即交流電) 轉換成直流電源之裝置。直流電源供應器一般皆附有電壓表及電流表。電壓表量測輸出電壓，電流表量測輸出電流。

基本上直流電源供應器為一整流器，經濾波、穩壓電路後輸出，本實驗所用之直流電源供應器附有**定壓控制** (constant voltage，簡稱 C.V.) 及**定流控制** (constant current，簡稱 C.C.)，各有一 LED 指示燈顯示控制情形。

當 CV 之指示燈亮時，表示電壓被限制住。當 CC 之指示燈亮時，表示電流被限制住。

當我們欲調整電流為某一數值時，可先將 CC 旋鈕往左旋到底，此時無電流輸出。再把 CV 調整至某一適當位置，然後再徐徐向右旋轉 CC 旋鈕，直至達所需電流為止。

若我們欲調整電壓為某一數值時，可先將 CV 旋鈕往左旋到底，此時無電壓，再把 CC 調整至某一適當位置，然後再徐徐向右旋轉 CV 旋鈕，直至達所需電壓為止。

步　驟

1. (1) 將天平框架刀口置於刀口座上。
   (2) 調整水平螺絲 ⑬ 使底座成水平。
   (3) 使移動導線 ⑪ 與固定導線 ⑫ 對齊。
2. 調整平衡鈕 ②，使移動導線 ⑪ 和固定導線 ⑫ 相隔約 5 mm。
3. 調整望遠鏡支架的位置及方向與焦距，直到標尺刻度經反射鏡反射後，清晰的出現在望遠鏡內的十字準線，並記錄此時的刻度為 h_2。(如調整平衡發生困難，可將感度鈕 ③ 調低些，如此可降低靈敏度，等平衡調整好後，再將感度調高，感度調整後平衡位置會改變，再重新調整平衡鈕，最好可調整至兩導線相隔約 5 mm 及移動導線的擺動週期約為 2 秒。)
4. 在小砝碼盤上加 20 mg 砝碼 (砝碼應使用夾子夾住再輕輕放下)，此時移動導線下沉，十字準線上的刻度移動。
5. 如圖 4 所示，電流天平底座支柱上的端子 ⑮ 與 ⑯ 接至電源供應器的負與正極，端子 ⑭ 與 ⑰ 以導線直接連接之。

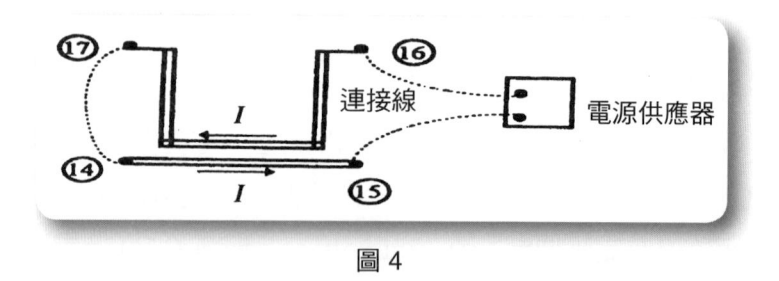

圖 4

6. 打開直流電源開關，通上電流 (電流宜由小慢慢增加) 則移動導線受磁力作用而上升，一直到望遠鏡內十字準線上的刻度，回到原處 h_2 為止，記錄此時的電流 I。
7. 同法，將砝碼增加到 30、40、50、60 mg、……，依次量取使十字準線上刻度回到原處 h_2 時所流經的電流 I，並記錄之，直到記錄之電流 I 超過 10 安培以上，則停止。

8. 將電流慢慢調回到零，此時移動導線與固定導線約至密接狀態，記錄此時望遠鏡內十字準線上的刻度為 h_1。

9. 使用砝碼夾或細銅線，輕輕將所有砝碼小心取下，將電源正負極反接，重複步驟 4～7，所得的電流值與前面所得者平均之 (此步驟可消除地磁的影響)。

10. 將望遠鏡置於距離電流天平約 1～2 m 處，調整望遠鏡的高度與電流天平的反射鏡同高，測量 D。

    $D =$ 望遠鏡標尺與反射鏡間的距離，以卷尺測量之。

11. $l =$ 移動導線 ⑪ 的長度，以米尺測量之。

12. $2r =$ 移動導線 ⑪ 的直徑，以游標尺測量之。

13. $a =$ 框架 ⑨ 的桿臂長度，以米尺測量之。

14. 將所得的數據整理，並代入式 (2)，即可算出導磁係數 K。

15. 將所得的實驗值與公認值比較並算出百分誤差。

實驗 9　光電效應實驗

目　的

求普朗克常數。

儀　器

1. 光電效應實驗裝置　　1 組

(1) ABS 一體成型，外殼 350 × 305 × 130 mm，儀表面板及保護外殼。

(2) 光電管偏壓電源，數位顯示，附粗調及微調鈕。

(3) 燈泡電源，可控制燈光之強弱。

(4) 光電直流電流，以數位顯示。

2. 光電管及光源組　　1 組

(1) 光電管：可見光範圍 3,000 ～ 6,500 A。

(2) 光源：6 V 燈泡。

(3) 黑色烤漆保護鐵箱，含光電管及光源底座、接線座及濾色片放置座。

3. 濾色片　　1 組

每組 4 片，波長範圍介於 4,000～6,500 A 間，並標示之。

· 74 · 物理實驗

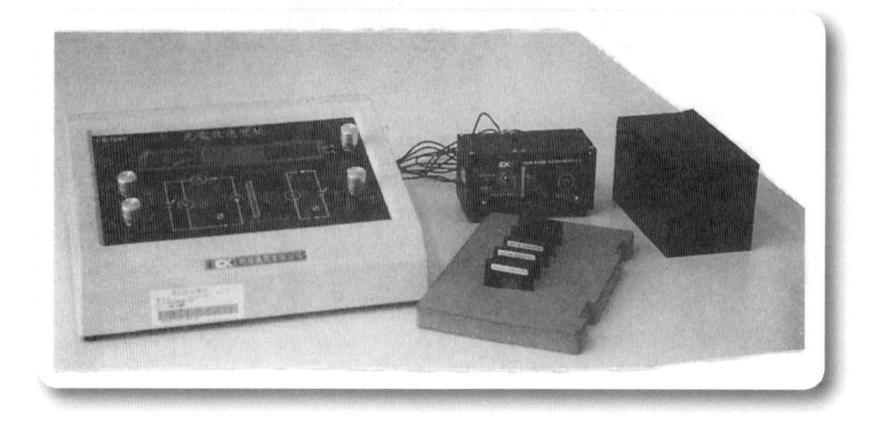

光電效應實驗

目 的

1. 對光電效應現象的了解。
2. 以不同頻率的光 (產生光電流) 及其截止電位繪圖，算出普朗克常數。

名詞解釋

1. **光電效應**：以適當頻率的光照射至金屬表面上，使其表面釋放出電子的現象。
2. **光電管**：光電效應實驗的基本裝置。
3. **光電子**：由於光照射在光電管中的金屬表面，使電子脫離金屬表面而釋放出來，這些電子稱之為光電子。
4. **光電流**：在光電管中若光電子的能量足夠大，使其能到達屏極，則在光電管中將形成電流，此時的電流稱之。
5. **截止電壓**：若在光電管的兩極間加上一反向電壓，則有部份的光電子便無法到達屏極。當反向電壓繼續增加，使最大動能的光電子也不能到達屏極，即光電管中沒有電流產生，此時的反向電壓稱之。
6. **截止頻率**：當入射光的頻率低於某特定頻率時，則不論入射光有多強，照射時間有多長，都不會產生光電效應，此特定頻率稱為截止頻率或低限頻率。不同的金屬表面有不同的截止頻率。
7. **功函數**：使電子脫離金屬表面之束縛所需的能量。

原 理

一、實驗所觀察到的現象

如圖 1 所示，

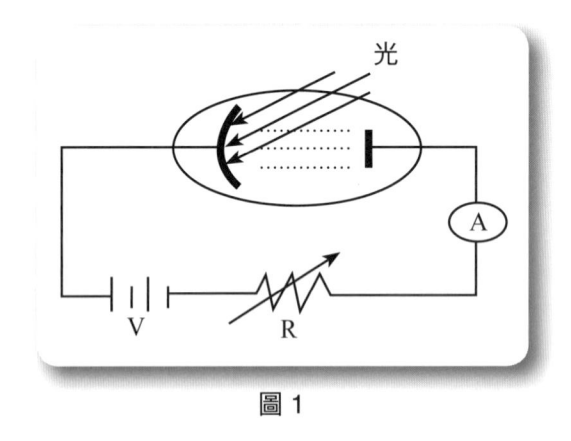

圖 1

1. 以頻率為 v 的光，照射在金屬表面上。
2. 金屬表面上之電子獲得光能後，電子從金屬表面逸出。
3. 因金屬表面對電子的束縛，故有一部份能量損耗。
4. 由電子所獲得光能扣除損失的能量（金屬表面對電子的束縛）後，剩餘的能量則轉變成電子的動能，使電子脫離金屬表面。

二、愛因斯坦的光電方程式

由上述實驗所觀察到的現象，能以愛因斯坦的光電方程式成功的解釋，即

$$hv = E_o + K_{max}$$

其中，　h = 浦郎克常數
　　　　v = 入射光之頻率
　　　　h_v = 光子的能量
　　　　E_o = 功函數（即使電子脫離金屬表面所需的能量。）
　　　　　　= h_v
　　　　K_{max} = 截止頻率（即若入射光的頻率 $v < v_o$，則電子無法脫離金屬表面，產生光電效應。）
　　　　K_{max} = 電子脫離金屬表面的最大動能

三、能量守恆定律

若

1. 在光電管中,調整反向電壓,則可阻止光電子到達極板。

2. 當反向電壓繼續增加,使光電流為零時,此時之電壓即為截止電壓 V_o。

則 $\qquad K_{max} = eV_o$ (e 是電子電荷量)

故 $\qquad h_v = E_o + eV_o$

$$\therefore \boxed{V_o = (h/e)v - (E_o/e)}$$

即

1. 截止電壓 V_o 與入射光的頻率 v 成線性關係。

2. 其斜率為 h/e。

3. 將斜率乘以電子電量 $e = 1.6 \times 10^{-19}$ 庫侖,就得普朗克常數值 h。

四、若以 V_o 為縱座標,v 為橫座標,作圖

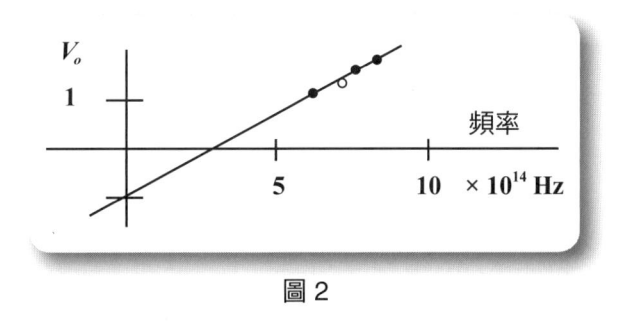

圖 2

將可得到一如圖 2 之直線圖形,則

1. 直線與橫座標交點為 $(v_o, 0)$。

2. 與縱座標的交點 $[0, (-\dfrac{h}{e}v_o)]$。

由此可推算出

1. 光電管金屬表面的截止頻率 v_o。

2. 金屬表面自由電子的功函數 E_o。

3. 因直線斜率 $\Delta V_o / \Delta v = h/e$。
4. 則普朗克常數 $h = e \times (\Delta V_o / \Delta v)$。

五、普朗克常數

普朗克常數目前所採用的公認值 $= 6.63 \times 10^{-34}$ 焦耳－秒 (J－s)。

儀器說明

1. 光電效應實驗裝置：

如圖 3 所示，

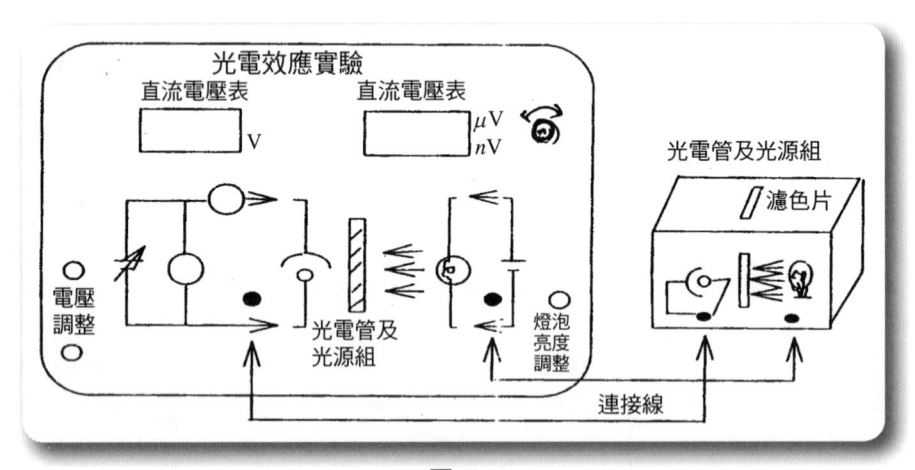

圖 3

(1) 電源：供應光電管正、反向電壓有粗調及微調兩部份。
(2) 直流電壓表：數位顯示加在光電管兩端的正、反向電壓。
(3) 直流電流表：數位顯示光電管之光電流，電流大小以 μA (10^{-6} A) 及 nA (10^{-9} A) 顯示，並且會自動轉換，有小數點出現時為 μA，當電流減少時，無小數點時為 nA。
(4) 燈泡電源：供應光源組之電源，並有燈泡亮度調整。
(5) 電腦輔助測試連接座。
(6) 110 V 電源線。

2. 光電管及光源組：內含光電管附座、燈泡附座及濾色片座。連線線座及保護外殼。

3. 濾色片：
   (1) 0 – 54：頻率 = 5.56×10^{14} Hz。
   (2) Y – 50：頻率 = 6.00×10^{14} Hz。
   (3) Y – 46：頻率 = 6.52×10^{14} Hz。
   (4) L – 42：頻率 = 7.14×10^{14} Hz。
   (5) 黑色不透光片。

步　驟

1. 使用立體連接線 (三芯) 兩條：一條連接電源至光電管。一條連接燈泡電源至燈泡。如圖 3。將實驗裝置之 110 V 電源線插上電源座。
2. 適當的調整燈泡亮度 (保持此亮度一直到實驗結束止。如改亮度，則必須重作實驗)。
3. 零點校正：先將黑色不透光片放入濾色片放置處，調整光電管的偏壓至 0，再調直流電流表讀數為零。
4. 選擇一種濾色片放入濾色片放置處，此時直流電流表的讀數顯示出有光電流產生，慢慢調整偏向電壓往負方向增加 (對光電管加逆向電壓)，一直到電流表上的讀數為零，記錄此時的逆向電壓，為此濾色片的截止電壓 V_o。
5. 換另一濾色片，重複上述步驟，並測得其截止電壓 V_o。如此，將其餘的濾色片均一一測試，並記錄其對應之截止電壓 V_o。
6. 以濾色片的濾光頻率為橫座標，以實驗所得對應之截止電壓 V_o 為縱座標，畫出各色光的關係圖，並求其斜率 (或使用附註的最小平方多項式近似法算出斜率)。再乘以電子電量即得普朗克常數。

附　註

最小平方多項式近似法：對於 n 個數據 (x, y)，設其一次最小平方近似函數為

$$F(x) = mx + b$$

m 為其斜率，b 為常數，其中

$$\boxed{m = \frac{n\Sigma x_i y_i - \Sigma x_i \Sigma y_i}{n\Sigma x_i^2 - (\Sigma x_i)^2}}$$

$$\boxed{b = \frac{\Sigma y_i \Sigma x_i^2 - \Sigma(x_i y_i)\Sigma x_i}{n\Sigma x_i^2 - (\Sigma x_i)^2}}$$

實驗 10　電子電荷與質量比實驗

目　的

電子束從陰極射線管射出，進入磁場中受磁力作用而彎曲，如適當的調整加速電壓及磁場大小，則電子束將作圓周運動，量其半徑，可算出電子電量與質量之比值。

儀　器

1. 電子荷質比管裝置　　　　　　　　　　　　　　　　　　　　　　1 組

e/m 管球，玻璃製，直徑約 13 cm，並封入柵極片及玻璃棒刻度尺。底箱上有管球座，交直電源輸入及控制面板。線圈 2 個 1 組，固定在底箱上，直徑約為 30 cm。附觀測電軌跡用之黑布罩。

2. 電源供應器　　　　　　　　　　　　　　　　　　　　　　　　　1 台

高壓直流雙電表附短路保護裝置 500 V / 150 mA 可調，另有兩組 6.3 V 交流輸出。

3. 電源供應器　　　　　　　　　　　　　　　　　　　　　　　　　1 台

直流 15V / 3A，雙電表附短路保護裝置。

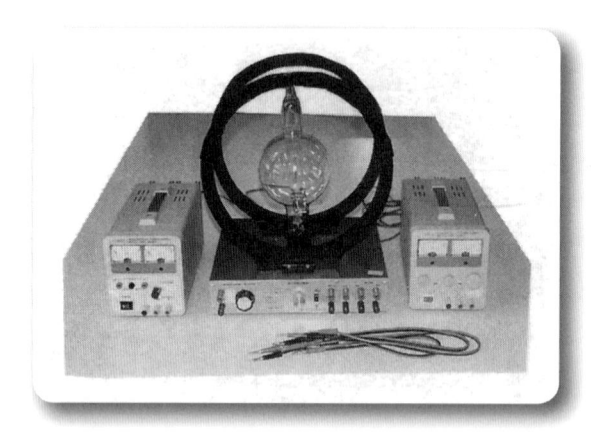

4. 槍型連接線　　　　　　　　　　　　　　　　　　　　　　　3 條

電子電荷與質量比實驗

目 的

由陰極射線管射出的電子束,進入磁場中受磁力作用而彎曲,如適當的調整外加電壓及磁場大小,則電子束將作圓周運動,量其半徑,再算出電子電量與質量之比值。

原 理

一、能量守恆定律

從陰極射線管中的燈絲射出的電子束,經加速電壓 V 加速後,轉換成動能,其速度大小,依能量守恆定律可知:

$$eV = 1/2\ mv^2$$

$$\therefore v = \sqrt{\frac{2eV}{m}} \tag{1}$$

二、向心力與磁力

外加一磁場 B 於電子束,其磁場的方向與電子束垂直,則電子束將作一圓周運動,其電子束所受磁力如下式:

$$\vec{F} = e\vec{v} \times \vec{B}$$

$$\therefore F = evB \quad (\because v \perp B)$$

向心力：
$$F = mv^2/R$$

$$\therefore evB = mv^2/R \tag{2}$$

三、e/m 比值

將式 (1) 代入式 (2)，可得

$$\boxed{e/m = 2V/B^2R^2} \tag{3}$$

其中，$V =$ 加速電壓，其單位為伏特 (V)。

$R =$ 電子進行圓周運動之半徑，其單位是公尺 (m)。

$B =$ 外加磁場。

四、外加磁場的大小

外加磁場的大小可由線圈中所通過的電流算出。其算式如下：

$$B = \frac{8\mu_o NI}{\sqrt{125}r} \tag{4}$$

其中，$\mu_o =$ 真空中之導磁係數

　　　　　$= 4\pi \times 10^{-7}$ (韋伯／安培・公尺)

$N =$ 線圈匝數

$R =$ 線圈之平均半徑

$I =$ 加在線圈之電流，可從安培表中讀出。

在本實驗中，如採用 $N = 130$ 圈，$r = 0.15$ m，則 (4) 式可簡化為：

$$\boxed{B = 7.80 \times 10^{-4} \times I} \tag{5}$$

故量出加在線圈中的電流 I，就可算出磁場大小 B。

五、電子電荷與其質量比的理論值

e = 電子電荷量。其公認值 = 1.6×10^{-19} 庫侖。

m = 電子質量。其公認值 = 9.11×10^{-31} 仟克。

$$\therefore e/m \text{ 之理論值} = 1.76 \times 10^{11} \text{ 庫侖／仟克}$$

注意事項：

1. 避免受到地球磁場之影響，線圈中心軸須定於正東西方向上。
2. 具有磁性物或儀器(含電源供應器)，須遠離電子荷質比管球。

儀 器

1. 電子荷質比裝置：
   (1) 荷質比管球。
   (2) 管座。
   (3) 線圈。
   (4) 刻度尺(裝在管球內)。
   (5) 控制盤。
2. 高壓直流電源應器(附 6.3 V 交流輸出)。
3. 直流電源供應器(供應線圈電流)。
4. 連接線。

步 驟

1. 連接儀器，電源供應器中的一組交流 6.3 V，接至控制盤上，電源應器高壓輸出端，接至控制盤的端點上。
2. 將電子偏向或 e/m 測試選擇開關，調向 e/m 測試端。
3. 將直流電源供應器的輸出端接至控制盤的直流電源接點上。
4. 接上電源，則 6.3 V 的交流電對燈絲加熱約 3 分鐘，再調整高壓電源的輸出，當電壓增至 150 V 左右，就可看見一電子束射出，調整聚焦鈕，使電子束最為集中為止。

5. 打開直流電源調整，使電流通過線圈，產生磁場，而使電子束偏向並作圓周運動，適當調整電流大小及高壓電壓，直到電子繞圓周運動之軌跡最為清晰且均勻，再量此時圓周的直徑，除以 2 即得軌道半徑 R。

6. 改變高壓電壓 V，調整直流電流 I 的大小，如同步驟 5 再量得軌跡半徑 R，如此，一直到電壓接近 300 V 為止，並一一記錄之。

7. 將所得的電流值 I，代入公式 (4)，算出磁場大小，連同其相對應的電壓值 V 及軌道半徑 R 的大小代入公式 (3)，即可算出 e/m 值，最後將所有的 e/m 值平均，就是 e/m 的實驗值，並與公認值比較，再算出其百分誤差。

實驗 11 示波器的使用

目 的

熟悉示波器的基本功能及其使用方法。

儀 器

1. 示波器雙軌跡

Mode：GOS-622G

(1) 20/50 MHz 雙頻道。

(2) GOS-622 裝置手把腳腳架。

(3) 高感度 1 mV / DIV。

(4) CH1 & CH2 雙觸發 (ALT 觸發)。

(5) TV 同步分離電路。

(6) CH1 信號輸出。

(7) 6" 內刻度方型 CRT。

(8) HOLD-OFF 功能。

(9) Z 軸調整功能。

2. 函數信號產生器

Mode：GFG-8015 G

(1) 頻率範圍：0.2 Hz～2 MHz。

(2) 輸出波形：正弦波、三角波、方波、脈波和鋸齒波。

(3) 輸出電壓：> 20 Vpp。

(4) VCF 範圍：1000：1 (0～10 V)。

(5) TTL 信號輸出；可變 DC 電位；脈波比可調。

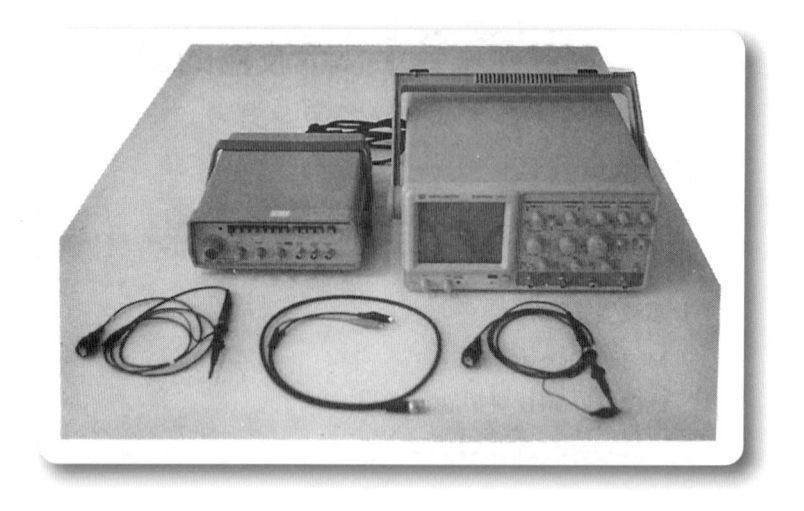

示波器的使用

目 的

熟悉示波器的基本原理及其使用方法。

基本原理

一、陰極射線管

示波器的產生,源自陰極射線管的發明。公元 1897 年,Braun 製造了陰極射線管,因此也有人稱之為**布朗管** (Braun tube)。陰極射線管的英文叫做 Cathode-Ray Tube,簡稱 CRT。CRT 主要利用點、線、面及視覺暫留的原理而構成的。CRT 因為能從它的陰極產生電子,而將此電子射到管上螢光面而得名。電子射到螢光面產生光點。光點如果能夠移動,而且速度大於視覺暫留的時間,感覺上就能成線。使光點能水平移動靠的是水平偏向;而光點的垂直移動靠的是垂直偏向。電子移動的速度如果大於 1/16 秒,即無閃爍之感。因此,可將 CRT 大致分為電子鎗、偏向板及螢光幕等三個主要部份:

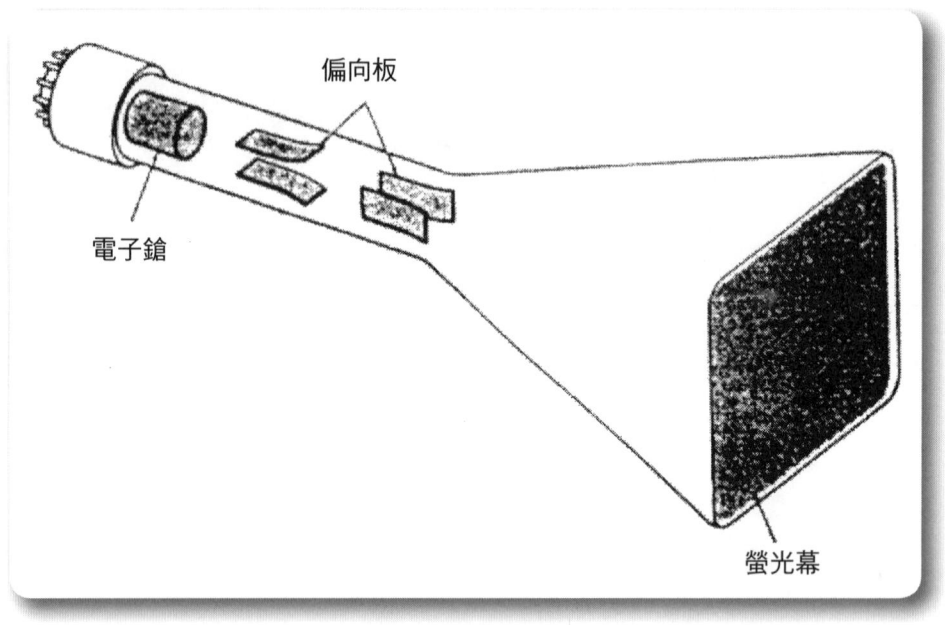

圖 1 CRT 構造圖

二、如何顯示波形

　　一部簡單的示波器，如何顯示波形。如圖中所示，電子鎗射出電子，在垂直板上加上近似的方波，水平板上加鋸齒波，通過這兩對偏向板上的電子受到偏向影響，最後再衝擊螢光幕，結果成為圖 2 所示的波形。

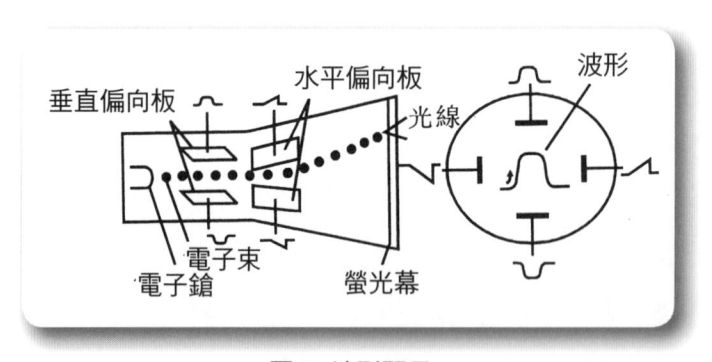

圖 2 波形顯示

　　在這個實驗中，我們會使用到示波器及信號產生器。示波器是用來量測電壓訊號的儀器。一般我們常聽到的訊號，有所謂的**直流 (DC)** 及**交流 (AC)** 訊號。

三、直流訊號

簡單的說，直流訊號，就是與時間無相關的訊號，最常見的是一般乾電池所提供的電源，既然與時間無關可以表示成

$$V(t) = V_o$$

其中，$V_o = $ 常數

在示波器上，就是一條直線。

四、交流訊號

訊號與時間有關，通稱為**交流** (alternating-current) 訊號，而訊號因其與時間的關係不同，而有不同種類訊號。

正弦 (sinusoidal) 訊號是最常用到的，其電壓與時間關係為

$$V(t) = A \sin(2\pi ft)$$

其中 $A = $ 振幅

$f = $ 頻率

除此之外，一般信號產生器還可以提供三角波 (圖 3)、方波 (圖 4)。

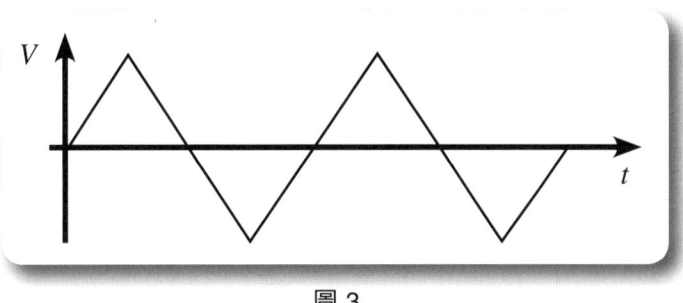

圖 3

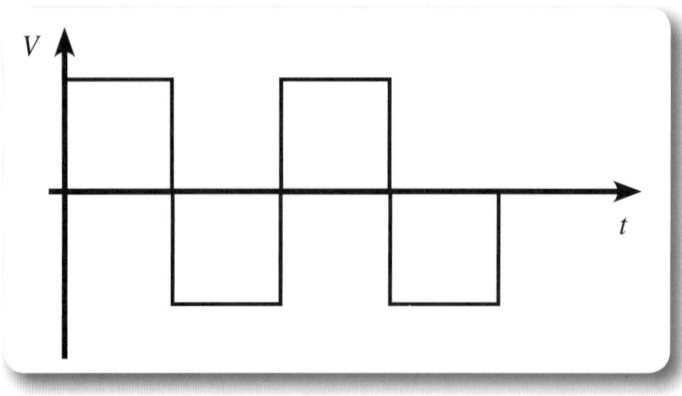

圖 4

五、交流電壓與頻率

1. 將 CH1 作為**單軌跡示波器操作** (single-trace operation)。
2. 由信號產生器輸入一個約 1 kHz 的正弦波。
3. 繪出你所看到的圖形，記錄 VOLT / DIV 與 SWEEP TIME / DIV 所指示的比率刻度，計算：

    (1) **峰值電壓** (peak voltage, V_p) 每一格所代表的電壓 (Volt / DIV) × (a)。

    (2) **峰值對峰值電壓** (peak to peak voltage, $V_{p\text{-}p}$) 每一格所代表的電壓 × (b)。

    (3) **有效電壓** (effective voltage, V_{eff})，$V_{eff} = V_p / \sqrt{2}$。

    (4) 並且測其頻率。頻率 (Hz) = 1 / Time。

    時間 = 一週期所經的格數 (c) × 每格掃描所需的時間 (time / DIV)。

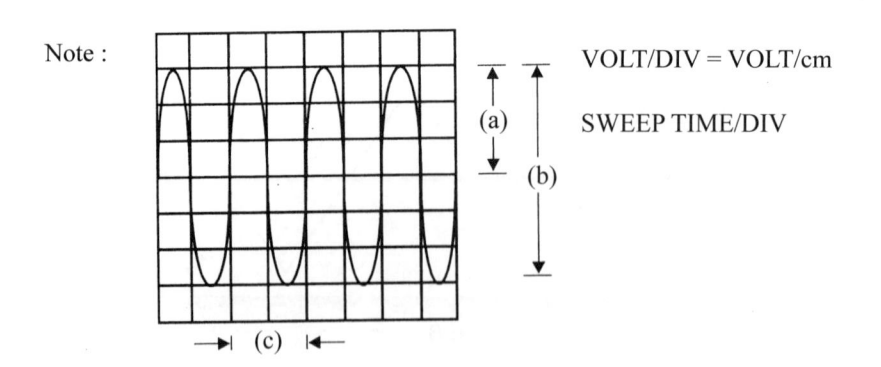

Note：

VOLT/DIV = VOLT/cm

SWEEP TIME/DIV

六、直流電壓

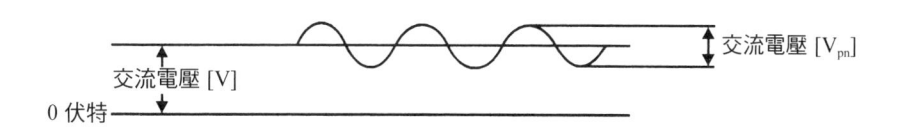

七、脈 波

　　理想的脈波是個方形波，但實際的脈波如圖 5，當然，討論到一個波，就要提到這個波的振幅、頻率等參數，對脈衝訊號而言，有幾個重要的參數：

1. **脈波振幅** (amplitude)：脈衝訊號中的最高電壓值，如圖中的 A 值。
2. **脈波寬度** (pulse width)：脈衝訊號一半振幅大小位置的頻率差。② 與 ⑤ 間隔 (各在 $\frac{1}{2}$ A 處) 一個脈衝訊號，並不會一開始馬上就上升到最大電壓值，從低到高，由高回到低，就有上升時間與下降時間需要定義。

    (1) **上升時間** (rising time)：從訊號大小為 10% 振幅大小升到 90% 振幅大小，成為上升時間，如圖 5 中 0.1 A ① 與 0.9 A ③ 間間隔。

    (2) **下降時間** (falling time)：從訊號大小為 90% 振幅大小降到 10% 振幅大小，成為下降時間，如圖 5 中 0.9A ④ 與 0.1 A ⑥ 間間隔。

    (3) **越過量**：以 b/A (%) 來表示大小或影響 (overshoot)。

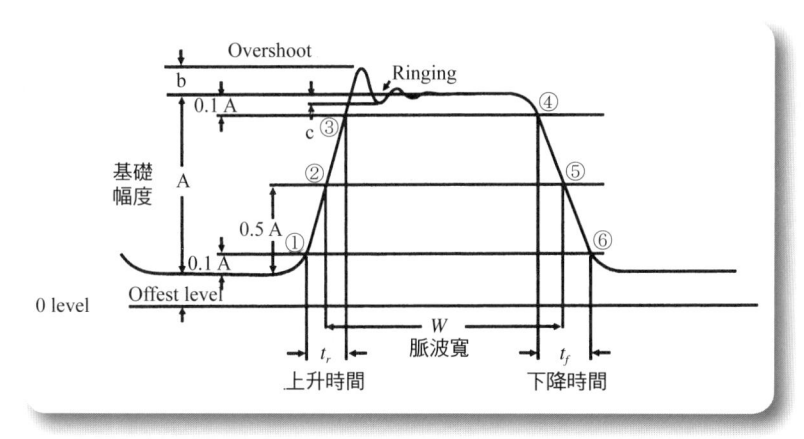

圖 5

(4) **擺動**：以 c/A (%) 來表示大小或影響 (ringing)。

示波器本身有一個上升時間 t_o，一個脈波的真正上升時間 t_R。

$$t_R = \sqrt{(t_r)^2 - (t_o)^2}$$

其中，t_r = 螢光屏上呈現的上升時間。

八、工作週率

脈衝訊號經歷高電壓的時間週期與脈衝週期的比例稱之為**工作週率** (duty cycle)，如圖 6，圖中

$$T = T_H + T_L，$$

$$工作週率 = \frac{T_H}{T}$$

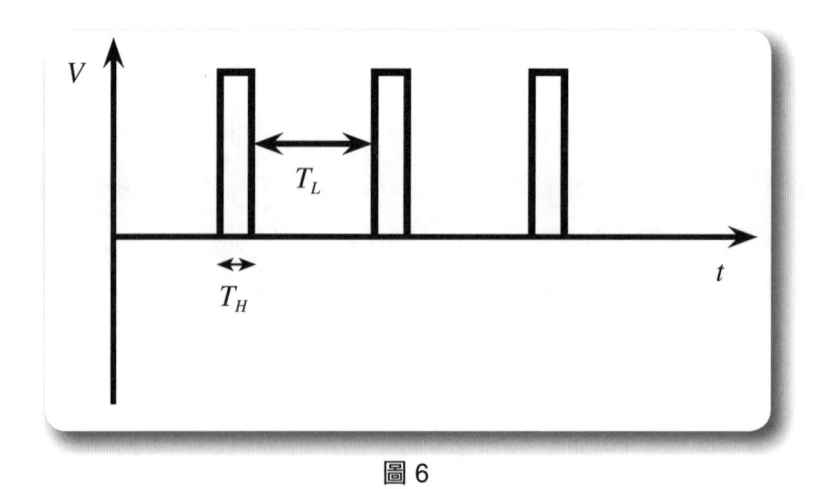

圖 6

儀器與裝置

1. 示波器 1 台。
2. 信號產生器 1 台。

示波器使用說明及步驟

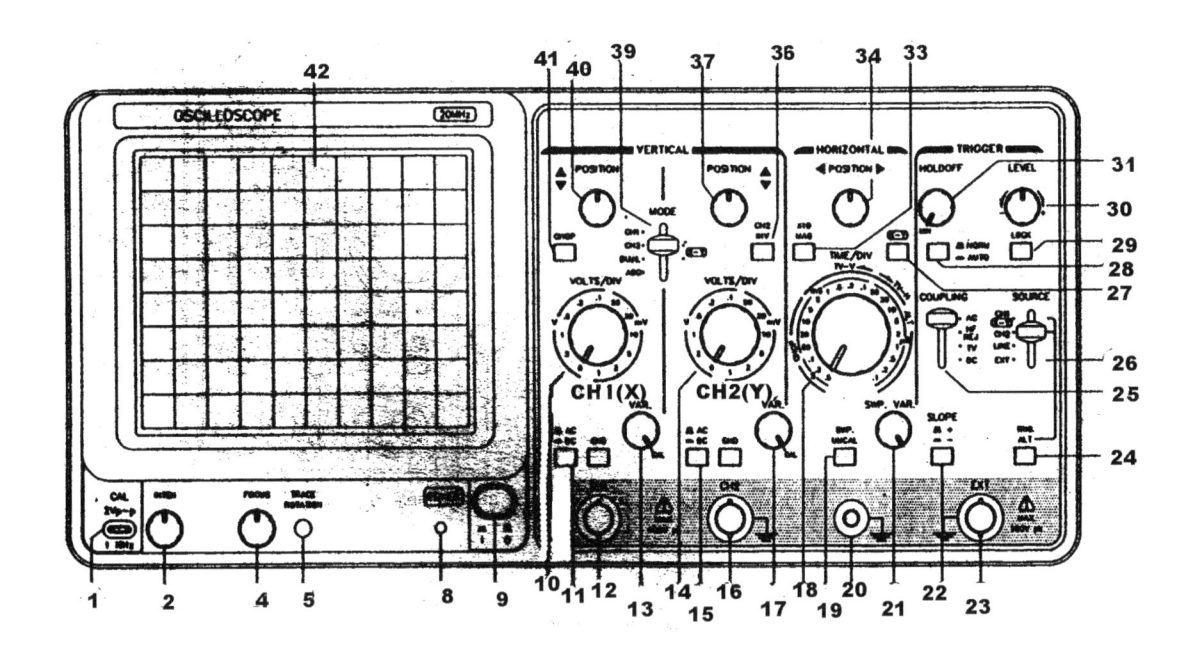

GOS-622G 前面板說明：

1. 顯示幕

CAL ($2V_{p-p}$)【1】：此端子會輸出一個 $2V_{p-p}$，1 kHz 的方波，用以校正測試棒及檢查垂直偏向的靈敏度，其輸出抗阻為 2 k ohm。

INTEN【2】：軌跡及光點亮度控制鈕。

FOCUS【4】：軌跡聚焦調整鈕。

TRACE ROTATION【5】：使水平軌跡與刻度線成平行的調整鈕。

電源指示燈【8】。

POWER【9】：電源主開關，壓下此鈕可接通電源，電源指示燈【8】會發亮；再按一次，開關凸起時，則切斷電源。

FILTER【42】：濾光鏡片，可使波形易於觀察。

2. 垂直偏向

VOLTS/DIV【10】【14】：垂直衰減選擇鈕，以此鈕選擇 CH1 及 CH2 的輸入信號衰減幅度，範圍為 1 mV / DIV～5V / DIV，共 12 檔。

AC-DC-GND【11】【15】：輸入信號耦合選擇按鍵組。

　　AC：垂直輸入信號電容耦合，截止直流或極低頻信號輸入。

　　DC：垂直輸入信號直流耦合，AC 與 DC 信號一起輸入放大器。

　　GND：按下此鍵則中斷信號輸入，並將垂直衰減器輸入端接地，使之產生一個零電壓參考信號。

CH1 (X)【12】：CH1 的垂直輸入端；在 X-Y 模式中，為 X 軸的信號輸入端。

VAR.【13】【17】：靈敏度微調控制，至少可調到顯示值的 1/2.5。在 CAL 位置時，靈敏度即為檔位顯示值。

CH2 (Y)【16】：CH2 的垂直輸入端；在 X-Y 模式中，為 Y 軸的信號輸入端。

POSITION▲▼【37】【40】：軌跡及光點的垂直位置調整鈕。

VERT MODE【39】：CH1 及 CH2 選擇操作模式。

　　CH1：設定本示波器以 CH1 單一頻道方式工作。

　　CH2：設定本示波器以 CH2 單一頻道方式工作。

　　DUAL：設定本示波器以 CH1 及 CH2 雙頻道方式工作。

　　此時，TIME/DIV【18】旋鈕可自動切換為 CHOP/ALT 模式，按下 CHOP 鍵【41】後，所有檔位均會以 CHOP 模式來顯示兩條軌跡 (CHOP 是以截斷方式顯示兩軌跡；ALT 則以交替方式顯示)。

　　ADD：用以顯示 CH1 及 CH2 的相加信號；當 CH2 INV 鍵【36】為壓下狀態時，即可顯 CH1 及 CH2 的相減信號。

3. 觸發

SLOPE【22】：觸發斜率選擇鍵。

　　＋：凸起時為正斜率觸發，當信號正向通過觸發準位時進行觸發。

　　－：壓下時為負斜率觸發，當信號負向通過觸發準位時進行觸發。

EXT【23】：EXT TRIG (EXT HOR) 輸入端子，可輸入外部觸發信號及外部水平信號。欲用此端子時，須先將 SOURCE 選擇器【26】置於 EXT 位置。

TRIG.ALT【24】：觸發源交替設定鍵，當 VERT MODE 選擇器【39】在 DUAL 或 ADD 位置，且 SOURCE 選擇器【26】置於 CH1 或 CH2 位置時，按下此鍵，本儀器即會自動設定以 CH1 與 CH2 的輸入信號輪流作為內部觸發信號源。

COUPLING【25】：耦合方式選擇器，可設定觸發源與觸發電路間以下列方式耦合：

　　AC：交流耦合，僅交流信號會被用為觸發，直流信號將被截止。

　　HF REJ：頻率高於 50 kHz (–3 dB) 的信號會被低通濾波器衰減，可避免高頻雜訊的干擾。

　　TV：連結觸發電路與 TV 同步分離器電路，觸發的掃描將會與以 TIME / DIV 鈕所設定的 TV-V 或 TV-H 信號同步，其範圍如下：

　　　　TV-V：0.5 Sec/DIV 0.1 m Sec/DIV

　　　　TV-H：50 μ Sec/DIV 0.1 μ Sec/DIV

　　DC：直流耦合，不僅適用於大多數的信號，更能夠顯示穩定的低頻或低重複率信號。

SOURCE【26】：內部觸發源信號及外部 EXT HOR 輸入信號選擇器。

　　CH1 (X-Y)：當 VERT MODE 選擇器【39】在 DUAL 或 ADD 位置時，以 CH1 輸入端的信號作為內部觸發源；在 X-Y 模式中，則代表選擇 X 軸信號。

　　CH2：當 VERT MODE 選擇器【39】在 DUAL 或 ADD 位置時，以 CH2 輸入端的信號作為內部觸發源。

 LINE：將 AC 電源線頻率作為觸發信號。

 EXT：將 EXT 端子輸入的信號作為外部觸發信號源；當在 X-Y 與 EXT HOR 模式時，外部掃描信號將作為 X 軸輸入信號。

TRIGGER MODE【28】：觸發模式按鍵組。

　　AUTO：當沒有觸發信號或觸發信號的頻率小於 50 Hz 時，掃描會自動產生。

　　NORM：當沒有觸發信號時，掃描將處於預備狀態，螢幕上不會顯示任何軌跡。本功能主要用於觀察 ≤ 50 Hz 之信號。

LOCK【29】：觸發準位鎖定鍵，按下此鍵可使觸發準位自動維持在觸發信號的振幅之內，因此，不需要準位調整，就可完成穩定觸發。

LEVEL【30】：觸發準位調整鈕，旋轉此鈕以同步波形，並設定該波形的起始點。將旋鈕向 "+" 方向旋轉，觸發準位會向上移；將旋鈕向 "–" 方向旋轉，觸發準位會向下移。

HOLD OFF【31】：掃描遲滯時間調整鈕，以此旋鈕設定每次掃描遲滯時間，便於您觀察複合性的波形。將此鈕朝順時針方向旋轉，可增長時間；朝逆時針方向旋轉，可縮短間隔，一般都調至 "MIN" 位置。
本鈕適用於當波形較複雜，且僅以 LEVEL 鈕【30】無法調出穩定觸發的情況。

4. 水平偏向

TIME/DIV【18】：A 掃描時間選擇鈕。
SWP.VAR【21】：掃描時間的可變控制旋鈕，若按下 SWP.UNCAL 鍵【19】，並旋轉此控制鈕，掃描時間可延長至少為指示數值的 2.5 倍；該鍵若未壓下時，則指示數值將被校準。
X-Y【27】：按下此鍵可啟動 X-Y 模式。
×10MAG【33】：波形放大鍵，按下此鍵可將掃描放大 10 倍。
◀ POSITION ▶【34】：軌跡及光點的水平位置調整鈕。

5. 其他功能

CAL ($2V_{p-p}$)【1】：此端子會輸出一個 $2V_{p-p}$，1 kHz 的方波，用以校正測試棒及檢查垂直偏向的靈敏度，其輸出抗阻為 2 k ohm。
GND【20】：本示波器接地端子。

單一頻道基本操作法

以 CH1 為範例，介紹單一頻道的基本操作法。

一、實驗前之準備與測試

插上電源插頭之前，請務必確認後面板上的電源電壓選擇器是否已調至適當的電壓檔位。

確認之後，請依照以下順序設定各旋鈕及按鍵。

POWER	【9】	→	OFF 狀態
INTEN	【2】	→	順時針轉至 3 點鐘位置
FOCUS	【4】	→	中央位置
VERT MODE	【39】	→	CH1

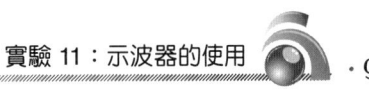

CHOP	【41】	→	凸起
CH2 INV	【36】	→	凸起
POSITION ▲▼	【37】【40】	→	中央位置
VOLTS/DIV	【10】【14】	→	0.5 V/DIV
VAR.	【13】【17】	→	順時針轉到底 CAL 位置
AC-DC-GND	【11】【15】	→	按下 GND 鍵
SOURCE	【26】	→	CH1 位置
COUPLING	【25】	→	AC 位置
SLOPE	【22】	→	凸起 (+ 斜率)
TRIG.ALT	【24】	→	凸起
LOCK	【29】	→	壓下
HOLDOFF	【31】	→	逆時針轉到 MIN 位置
TRIGGER MODE	【28】	→	按下 AUTO 鍵
TIME/DIV	【18】	→	0.5 m Sec/DIV
SWP.UNCAL	【19】	→	凸起
◀ POSITION ▶	【34】	→	中央位置
× 10 MAG	【33】	→	凸起
X-Y	【27】	→	凸起

依照以上順序設定完成後，插上電源插頭，並繼續以下步驟：

1. 按下電源開關【9】，並確認電源指示燈【8】亮起。約 20 秒後 CRT 顯示幕上會出現一條軌跡，若在 60 秒之後未有軌跡出現，則檢查以上各項設定是否正確。
2. 轉動 INTEN【2】及 FOCUS【4】鈕，以調整出適當的軌跡亮度及聚焦。
3. 調 CH1 POSITION 鈕【40】及 TRACE ROTATION【5】，使軌跡與中央刻度線平行。
4. 將探棒連接至 CH1 輸入端【12】，並將探棒接上 $2V_{p-p}$ 校準信號端子。
5. 按下 AC-DC-GND【11】的 AC 鍵，此時，CRT 上會顯示如圖 7 的波形。
6. 調整 FOCUS【4】鈕，使軌跡更清晰。
7. 欲觀察細微部份，可調整 VOLTS/DIV【10】及 TIME/DIV【18】鈕，以顯示更清晰的波形。

8. 調整 POSITION▲▼【40】及 ◀ POSITION ▶【34】鈕，以使波形與刻度線齊平，並使電壓值 (V_{p-p}) 及週期 (T) 易於讀取。

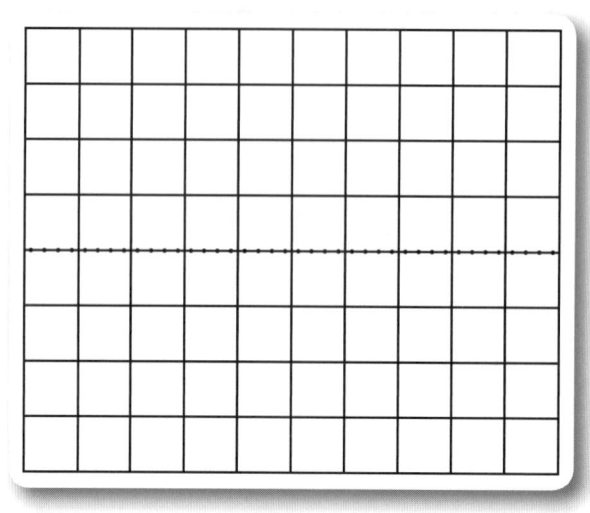

圖 7

二、探棒校正

　　探棒具有極大範圍的衰減，因此，若沒有適當的相位補償，所顯示的波形可能會失真而造成量測錯誤。

　　因此，在使用探棒之前，參閱圖 8，並依照以下步驟做好補償：

1. 將探棒的 BNC 連接至示波器上 CH1 或 CH2 的輸入端。
2. 將 VOLTS/DIV 鈕轉至 50 mV 位置。
3. 將探棒連接至校正電壓輸出端 CAL。
4. 調整探棒上的補償螺絲，直到 CRT 出現最佳、最平坦的方波為止。

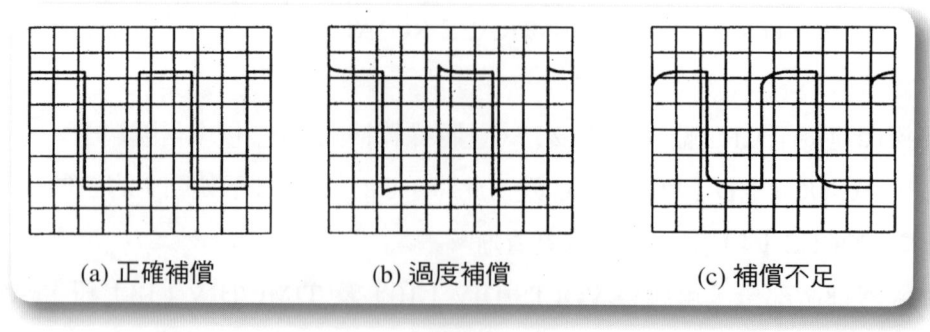

(a) 正確補償　　　(b) 過度補償　　　(c) 補償不足

圖 8

雙頻道操作法

一、雙頻道操作法

1. 將 VERT MODE【39】置於 DUAL 位置。此時，顯示幕上應有兩條掃描線，CH1 的軌跡為校準信號的方波；CH2 則因尚未連接信號，軌跡呈一條直線。
2. 將探棒連接至 CH2 的輸入端【16】，並將探棒接上 $2V_{p-p}$ 校準信號端子。
3. 按下 AC-DC-GND【11】的 AC 鍵後，調 POSITION▲▼【37】【40】鈕，以使兩條軌跡如圖 9 所示。

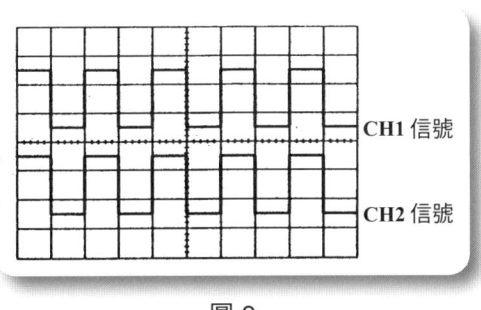

圖 9

(1) 在雙軌跡 (DUAL 或 ADD) 模式中操作時，SOURCE 選擇器【26】必須撥向 CH1 或 CH2 位置，選擇其一作為觸發源。

(2) 若 CH1 及 CH2 的信號同步，二者的波形皆會是穩定的；若不同步，則僅有選擇器所設定之觸發源的波形會穩定，此時，若按下 TRIG.ALT 鍵【24】，則兩種波形皆會穩定顯示。

注意：請勿同時按下 CHOP 鍵及 TRIG.ALT 鍵，因為 TRIG.ALT 功能僅適用於 ALT 模式。

(3) TIME/DIV 旋鈕【18】會自動選擇應使用 CHOP 或 ALT 模式，如圖 10 所示，在 5 m Sec/DIV 以下的檔位使用 CHOP 模式，在 2 m Sec/DIV 以上的檔位使用 ALT 模式。

(4) 當 CHOP 鍵按下時，則所有的檔位會以 CHOP 模式顯示兩軌跡。

4. ADD 之操作：將 MODE 選擇器【39】置於 ADD 位置時，可顯示 CH1 及 CH2 的信號相加之和；按下 CH2 INV 鍵【39】則會顯示 CH1 及 CH2 信號之差。

圖 10

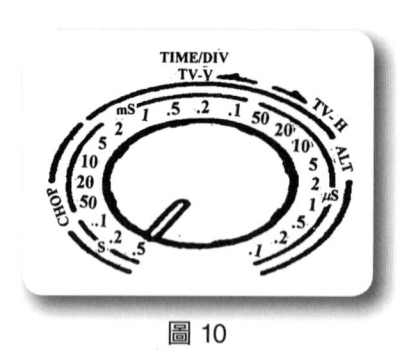

(1) 為求得正確的計算結果，事前請先以 VAR. 鈕【13】【17】將兩個頻道的靈敏度調成相同的值。

(2) 以任一頻道的 POSITION▲▼鈕【37】【40】皆可調整波形的垂直位置，為維持垂直放大器的線性，最好將兩個旋鈕都置於中央位置。

5. (1) X-Y 及 EXT 之操作：當按下 X-Y 鍵時，內部掃描產生器電路將不會連接到水平軸，而由 SOURCE 選擇器所設定的信號來主導水平方向的軌跡。

(2) 當 SOURCE 設為 CH1 X-Y 時，本示波器為 X-Y 模式，並以 CH1 輸入端的信號作為 X 軸；當 SOURCE 設為 EXT 位置時，即為外部掃描模式。

6. (1) X-Y 操作：在 X-Y 模式中是以 CH1 作為 X 軸，CH2 作為 Y 軸。X 軸的頻寬為 DC～1 MHz (–3 dB)，水平欄中的 ◀ POSITION ▶ 鈕可直接調整 X 軸的位置。

(2) VERT MODE 選擇器應置於 CH2 (X-Y) 位置，以顯示 Y 軸，如圖 11 所示。

7. (1) EXT HOR 外部掃描操作：EXT HOR 端子【23】所輸入的外部掃描信號可控制 X 軸，Y 軸則是由 MODE 選擇器所設定的任何頻道所控制。

(2) 當 MODE 選擇器設於 DUAL 位置時，CH1 及 CH2 的信號皆會在 CHOP 模式下顯示雙頻道 X-Y 操作，如圖 12 所示。

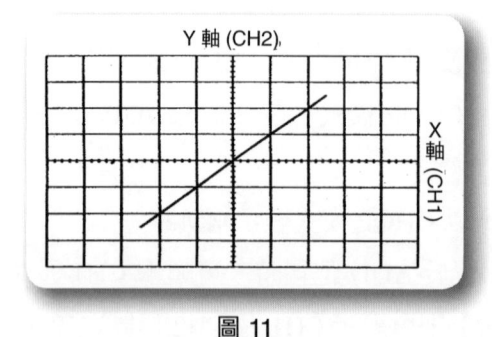

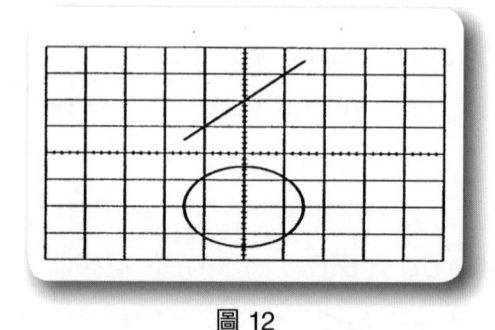

圖 11　　　　　　　　　　圖 12

二、觸發

觸發是操作示波器時相當重要的項目，請依照下列步驟仔細進行。

1. SOURCE 選擇器功能說明
   (1) CH1：CH1 內部觸發。
   (2) CH2：CH2 內部觸發。加入垂直輸入端的信號，自前置放大器中分離出來之後，透過 SOURCE 選擇 CH1 或 CH2 作為內部觸發信號。因為觸發信號是自動調整過的，所以 CRT 上會顯示穩定觸發的波形。
   (3) LINE：自交流電源中拾取觸發信號，此種觸發源適合用於觀察與電源頻率有關的波形，尤其在測量音頻設備及閘流體等低準位 AC 雜訊方面，特別有效。
   (4) EXT：外部信號加入外部觸發輸入端以產生掃描，所使用的信號應與被測量的信號有週期上的關係。因為被測量的信號若不作為觸發信號，那麼此法所顯示的波形將更為獨立。
   (5) TRIG. ALT：當 VERT MODE 設定在 DUAL 或 ADD，且作用在 ALT 模式下時，按下本鍵即會由 CH1 及 CH2 信號輪流觸發。

2. COUPLING 選擇器功能說明：本選擇器係依照被測量信號的特性，選擇觸發信號與觸發電路的耦合方式。
   (1) AC：交流耦合，僅交流信號會被用作觸發，直流信號將被截止，所以可產生較穩定的觸發，是最常用的耦合方式。最低截止頻率為 10 Hz (–3 dB)。
   (2) HF REJ：觸發信號在進入觸發電路之前，會經過交流耦合電路及低通濾波器 (約 50 kHz，–3 dB)，頻率過高的信號將被衰減，因此可避免雜訊干擾。
   (3) TV：本耦合方式提供 TV 觸發，用以觀察視頻信號。觸發信號經過交流耦合後，進入觸發電路 (準位電路) 及 TV 同步分離電路，拾取同步信號用以觸發掃描，而產生穩定的視頻信號。由 TIME/DIV 所控制的掃描範圍分段如下：

   TV-V：0.5 Sec～0.1 m Sec

   TV-H：50 μ Sec～0.1 μ Sec

   使用 TV 耦合時，應設定 SLOPE 鍵，以使其符合如圖 13 的視訊信號。

圖 13

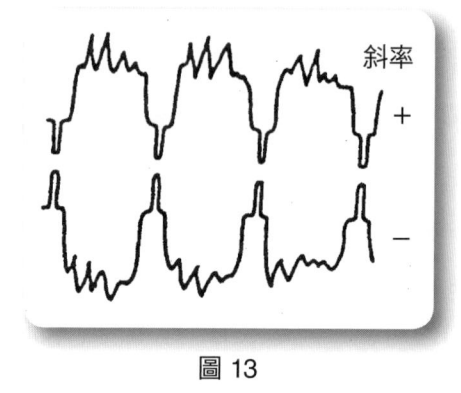

(4) DC：直流耦合，觸發信號與觸發電路以直流方式耦合，此模式適用於需要觸發信號的直流成分，或信號為極低頻，或低工作週期比時。

3. SLOPE 功能說明：本按鍵可設定觸發信號的極性，如圖 14 所示。

　+：信號以正向通過觸發準位時，進行觸發。

　−：信號以負向通過觸發準位時，進行觸發。

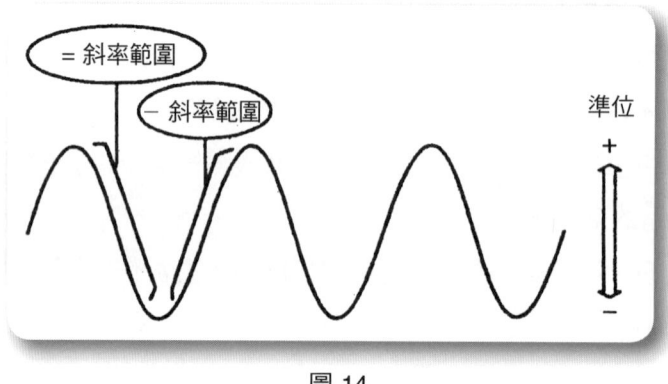

圖 14

4. LEVEL 旋鈕及 LOCK 按鍵使用說明

(1) LEVEL 旋鈕可用來調整觸發準位以顯示穩定的波形。當觸發信號通過所設定的觸發準位時，便會觸發掃描，並在螢幕上顯示波形。

(2) 將旋鈕向 "+" 方向旋轉，觸發準位會向上移；將旋鈕向 "−" 方向旋轉，觸發準位會向下移動，其變換的特性如圖 15 所示。

(3) LOCK 鍵可自動將觸發準位保持在觸發振幅之內，因此不須調整準位即可產生穩定的觸發，而不受信號振幅影響 (在 ALT 模式下，可能有抖動情形)。

(4) 當螢幕上信號的振幅或外部觸發信號的電壓在下列有效範圍之內時，本功能的規格最為適用。

GOS-622　G50 Hz～5　MHz：1.0 DIV (0.15 V) 或更低

10 Hz～20 MHz：2.0 DIV (0.25 V) 或更低

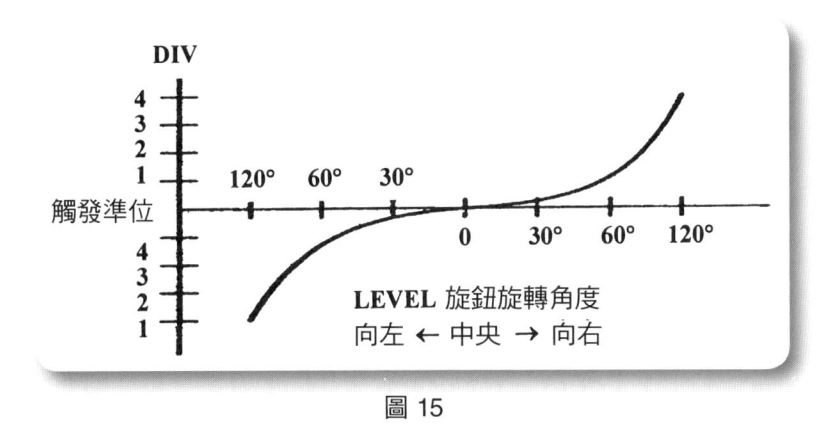

圖 15

5. HOLD OFF 功能說明：當被測信號是兩個以上重複頻率 (週期) 的複合波形時，僅調整 LEVEL 也許無法獲得完整而穩定的波形。此時便需要以 HOLD OFF 鈕調整掃描遲滯時間，以使掃描能穩定地與被測信號的波形同步。

圖 16(a) 為當 HOLD OFF 在 MIN 位置時，螢幕上可能有多種波形重疊，致使觀察困難。

圖 16(b) 顯示同樣的信號，當延遲了不想要的部份信號後，波形將不再重疊。

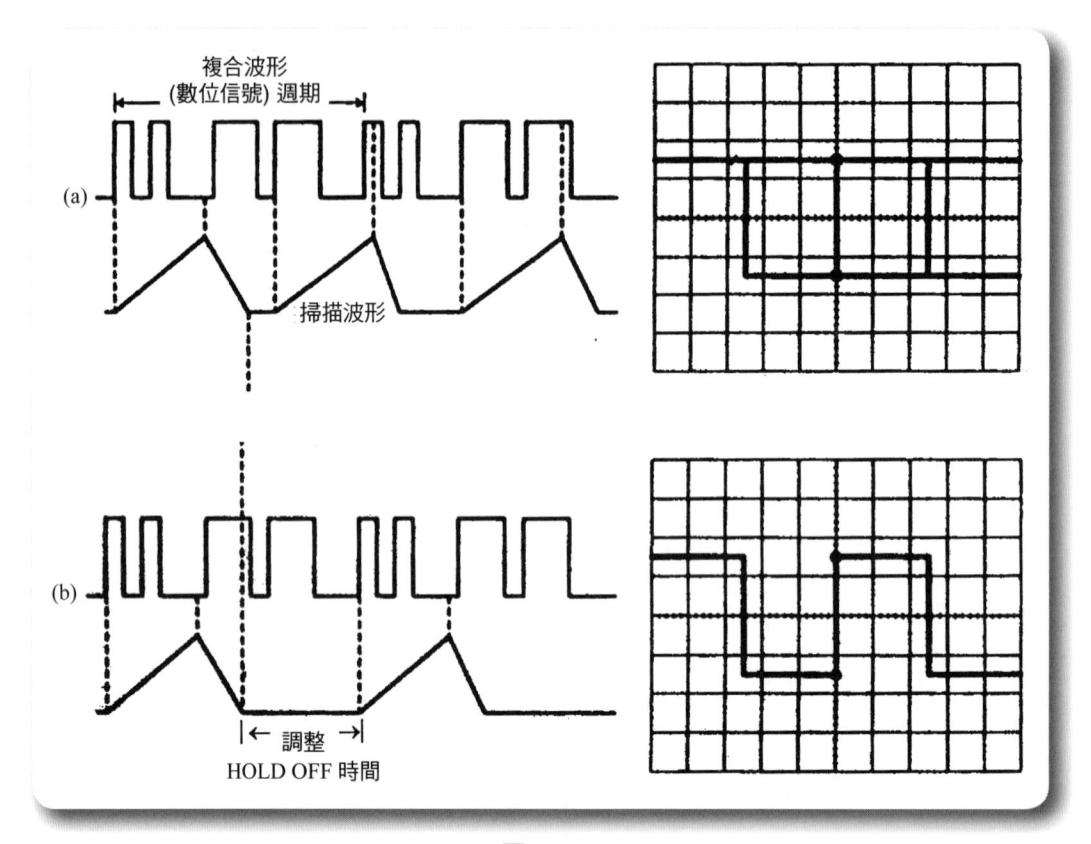

圖 16

三、掃描放大

若欲將波形的某一部份放大，則須使用較快的掃描速度，然而，如果放大的部份包含了掃描的起始點，那麼該部份將會超出顯示幕之外。在這種情況下，必須按下 ×10 MAG 鍵，即可以螢幕中央作為放大中心，將波形向左右放大十倍。

函數信號產生器

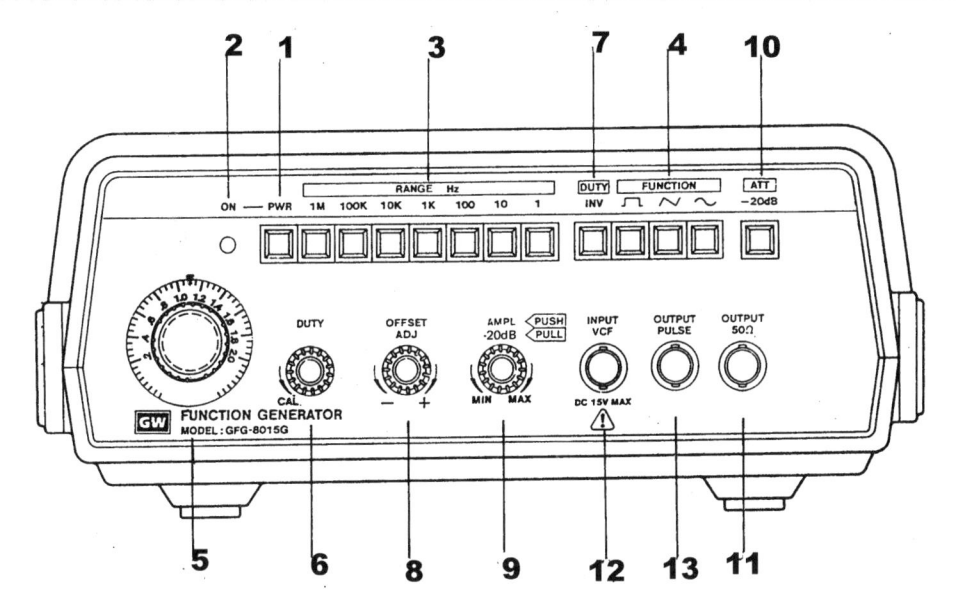

1. 電源開關【1】。
2. 紅色 LED 指示燈【2】：指示電源之 ON/OFF。
3. 頻率倍率鍵 (range Hz)【3】：頻率表之數值 × 倍率 = 輸出信號之頻率。
4. 波形輸出選擇 (function)【4】：方波、三角波、正弦波。
5. 頻率表 (multiplier)【5】。
6. 工作週期之調整【6】。
7. 反相【7】。
8. 直流抵補電壓調整 (DC offset)【8】：可調整輸出電壓之直流部份。
9. 振幅調整 (amplitude)【9】：為輸出的微調。
10. 衰減器【10】。
11. 產生器的輸出 (output)【11】。
12. 電壓控制頻率輸入 (VCF)【12】。
13. 脈波輸出【13】。

函數信號產生器配合示波器使用，方便觀察波形

$$dB = 20 \log_{10} \frac{V_o}{V_i}$$

其中，　　　　　V_i = 儀器內有一振盪器輸入此衰減器之電壓

　　　　　　　V_o = 衰減器之輸出 (ie 本儀表之輸出電壓)

　　　　　dB = 分貝 (decible)

　　　　0 dB = 沒有經過衰減直接輸出

　　– 20 dB = 衰減至 10%

　　– 40 dB = 衰減至 1%

實驗 12　熱功當量實驗

目　的

研習電能轉換為熱能現象，並推算出熱功當量值。

儀　器

1. 卡計 (量熱器)　　　　　　　　　　　　　　　　　　　　　　　1 組

(1) 銅杯，直徑 80 mm，高 90 mm，無接縫容器。
(2) 隔熱裝置木箱，長、寬各 15 cm，高 12 cm，留有銅杯圓孔。
(3) 圓形電木蓋，有一圓孔，裝有電熱絲及接線端子，附橡皮塞及攪拌器各 1 個。

2. 電源供應器　　　　　　　　　　　　　　　　　　　　　　　　1 台

DC 15V/5A 雙電表附超載及短路保護裝置。

3. 溫度計　　　　　　　　　　　　　　　　　　　　　　　　　　1 支

50℃，1/10 刻度。

4. 量筒 200 c.c　　　　　　　　　　　　　　　　　　　　　　　　1 具

5. 連接線　　　　　　　　　　　　　　　　　　　　　　　　　　2 條

6. 上皿天平　　　　　　　　　　　　　　　　　　　　　　　　　1 座

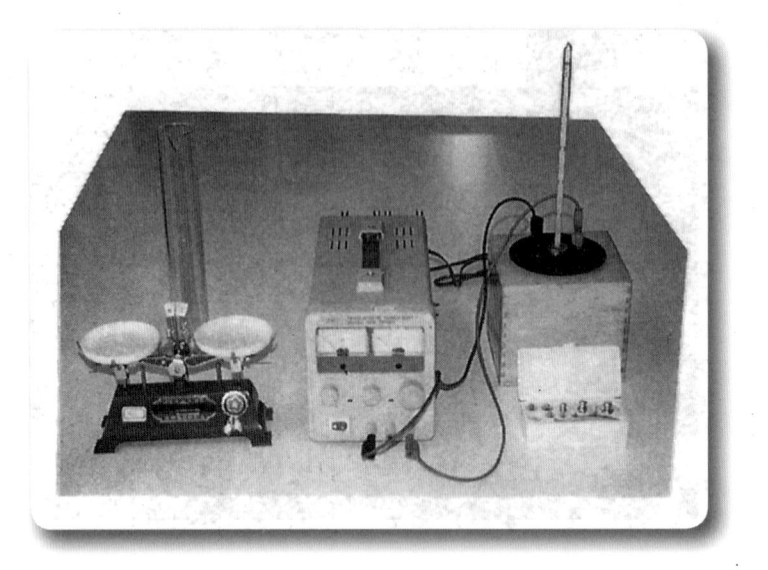

物理實驗

熱功當量實驗

目 的

測量熱功當量。

方 法

1. 將通電的電熱器置於盛水的卡計中,由通過的電流、電熱絲電阻及通電時間可求得電熱絲所消耗的總電能 (單位是焦耳)。
2. 從溫度的上升度數計算卡計系統所獲得的熱能 (單位是卡)。
3. 電熱絲所消耗的總電能與卡計系統所獲得的熱能兩者能量之比即為熱功當量。

原 理

一、能量守恆定律

熱力學第一定律其實是一個能量守恆定律,它敘述為克服摩擦所消耗的功 W 應等於因此產生的熱能 H,由於單位的不同,兩者之間有一定的比值,即

$$W = JH \tag{1}$$

比例常數 J 稱為熱功當量。顯然地,此比值的大小與採用的單位有關,但與測量情況

無關。

換句話說，測量熱功當量是熱力學第一定律的一種鑑定。

二、總電能

當電壓為 V 伏特，電阻為 R 歐姆，通過電阻的電流為 I 安培時，經 t 秒後消耗在電阻的總電能是 W 焦耳。

$$W = I^2 Rt = VIt \tag{2}$$

三、熱能

設 C = 卡計系統的水當量(克)。
M = 水的質量(克)。
T_O = 最初的溫度。
T_A = 加熱後的溫度。

溫度在 t 秒內由 T_O 升到 T_A，則卡計系統所吸引的熱量為

$$H = [(C+M)S](T_A - T_O)$$

∵ 水的比熱 $S = 1$ 卡/克 ℃

$$\therefore H = (C+M)(T_A - T_O) \tag{3}$$

四、卡計的水當量

設卡計為銅製，質量為 m_S，溫度計插入水中的體積為 V_H，則

$$\boxed{C = 0.0925\, m_S + 0.45\, V_H} \tag{4}$$

五、熱功當量

$$\begin{aligned} J &= W/H \\ &= [VIt]/[(C+M)(T_A - T_O)] \end{aligned} \tag{5}$$

六、溫度之修正

在實際的實驗中，不能避免地當卡計的溫度比周圍溫度高時會因輻射而損失一部份能量，所以真正應該得到的溫度比測量的溫度稍高，我們可以利用牛頓冷卻原理來加以修正。

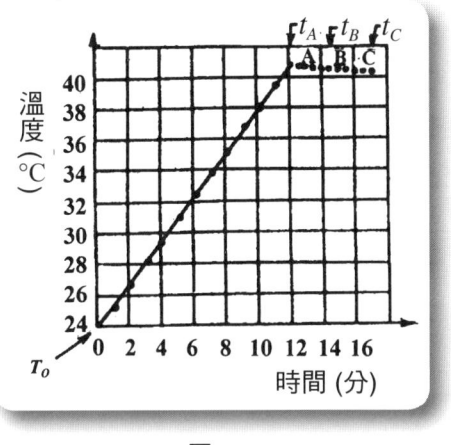

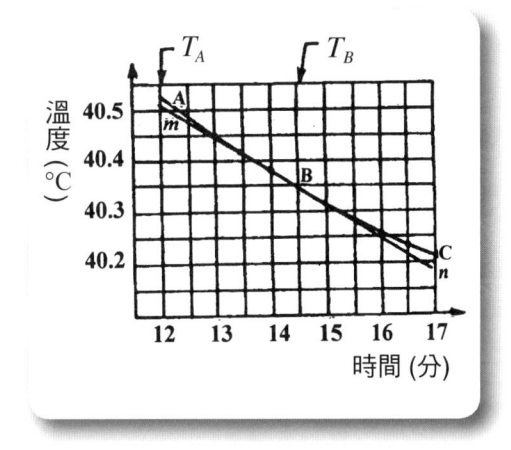

圖 1

圖 2

圖 1 表示物體從最初的溫度 T_O 均勻的被加熱到 T_A，停止供應電流後，由於輻射而冷卻下來，當然在 OA 的期間輻射仍然存在。

在冷卻的過程中任一點 B 點的冷卻率 r_B (即 B 點的切線斜率)，可以由數據畫圖求出。如圖 2。

由牛頓冷卻原理得知：

<u>冷卻率</u>正比於<u>溫度差</u>。

即 $\quad\quad\quad\quad r \quad \alpha \quad \Delta T$

所以在 A 點的冷卻率為

$$r_A = r_B \frac{T_A - T_O}{T_B - T_O} \tag{6}$$

則從溫度 T_O 升高到溫度 T_A 的平均冷卻率為

$$r = \frac{1}{2} r_A = \frac{1}{2} r_B \frac{T_A - T_O}{T_B - T_O} \tag{7}$$

所以在沒有輻射能的損失下，溫度上升應為

$$T_F - T_O = (T_A - T_O) + r(t_A - t_O) \tag{8}$$

七、修正後之熱功當量關係式

實際上的總熱能應修正為

$$H = (C + M)(T_F - T_O) \tag{9}$$

$$\therefore \boxed{J = \frac{VIt}{(C + M)(T_F - T_O)}} \tag{10}$$

八、理論值：J = 4.180

儀　器

1. 卡計。
2. 電熱器。
3. 直流電源供應器。
4. 計時器。
5. 溫度計。
6. 天平。
7. 量筒。

注意事項：若電壓與電流不穩定，必須取其平均值。

步　驟

1. 量取卡計盛水銅杯與攪拌器的總質量為 m_S。
2. 設法記取溫度計沒入水中部份，放入量筒，量得其沒入水中的體積為 V_H（≒ 3 c.c.）。

3. 以量筒取適量的水，倒入銅杯內，由倒入水的體積可得水的質量 M。
4. 將電熱絲完全浸入水中，讓電源輸出 1.5 A 的電流並記錄此時的電壓。
   注意：電流、電壓可任意的給定，但加熱時不能改變給定的電流與電壓的數值。
5. 每 2 分鐘記錄一次溫度，直到 45 度左右，然後將電源關掉，讓它由輻射降溫，每一分鐘記錄一次溫度。如圖 2 所示，從降溫的速率求得輻射損失以修正溫度差。然後代入式 (10) 求得熱功當量。

實驗 13　克希荷夫定律實驗

目　的

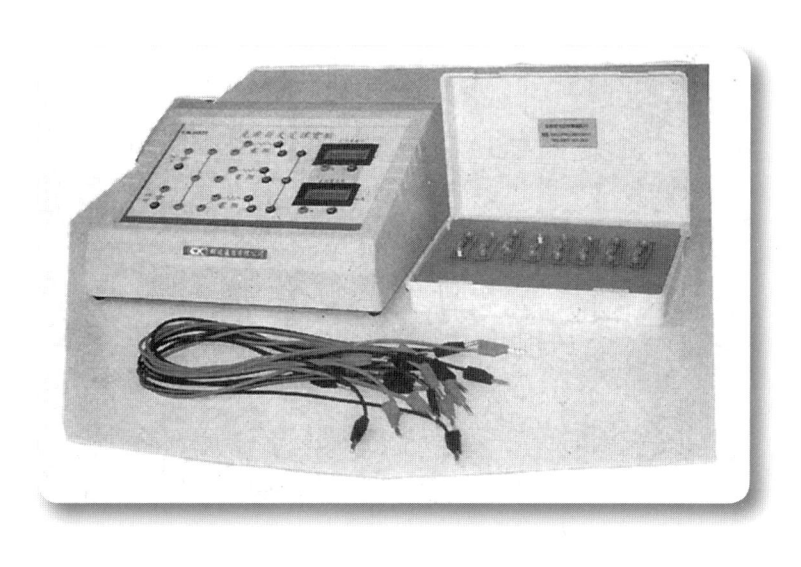

研習克希荷夫定律的原理及其在直流電路上的應用。

儀　器

1. 克希荷夫實驗裝置　　　　　　　　　　　　　　　　　　　　1 組

ABS一體成型，350 × 305 × 130 mm，儀表面板及保護外殼，直流電源兩組 8 V 及 5 V，數位直流安培表及伏特表，裝置於面板上。固定配線及接線端子，待測電阻組外接。

2. 待測電阻組　　　　　　　　　　　　　　　　　　　　　　　1 組

精密電阻共 8 種，電阻兩端有插稍。

3. 連接線　　　　　　　　　　　　　　　　　　　　　　　　 10 條

克希荷夫定律實驗

目　的

了解克希荷夫定律的原理及其在直流電路上的應用。

方　法

將一個或兩個直流電源與三個電阻組相連而得到一網路。分別量取網路中的電流,並與理論值比較,驗證克希荷夫定律。

原　理

1. 簡單電路中電流電壓的關係,可由歐姆定律決定。
2. 較為繁複的電路中,必須使用克希荷夫定律,才能計算出各部份的電流,電壓與電阻的關係。
3. 克希荷夫定律又分為:
   (1) 克希荷夫電流定律。
   (2) 克希荷夫電位差定律。

克希荷夫電流定律:從電路中任何一個節點來看,流入節點電流總量 = 流出節點的電流總量。

如圖 1 所示，

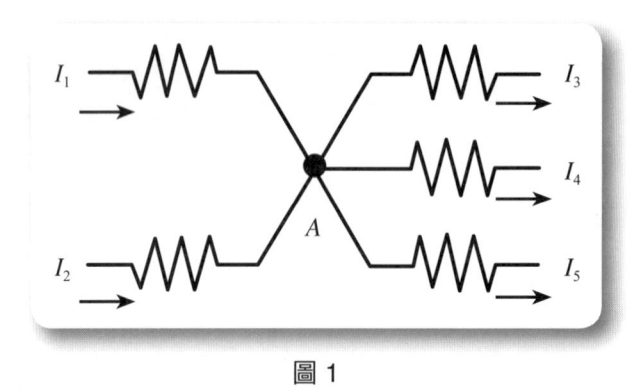

圖 1

有五電路交會於 A 點，I_3、I_4、I_5 是流出節點 A，如果規定流入節點的電流方向為正，流出為負，則可說通向節點各電路的電流總和為零。即：

$$\Sigma I = 0$$

$$I_1 + I_2 - I_3 - I_4 - I_5 = 0$$

$$\therefore I_1 + I_2 = I_3 + I_4 + I_5 \tag{1}$$

其實正、負的規定是任意的，但對每一電路而言，所有的規定必須前後一致。假如流入節點的電流不等於流出的電流，那麼在節點上就堆積愈來愈多的電荷，所以，克希荷夫電流定律是必然成立的，遵守電荷守恆定律。

克希荷夫電壓定律：電路中任何一個迴路，其電位差的代數和為零。亦即迴路中電動勢的代數和等於電位降 (*IR*) 的代數和。

如圖 2 所示，即

$$\Sigma V = 0$$

或

$$\Sigma \varepsilon = \Sigma IR \tag{2}$$

在式 (2) 中，計算電動勢及電位差代數和時，必須注意正、負的問題。為了方便，一般規定，計算電動勢時：升電位為正，降電位為負。計算電位差時：升電位為負，降電位為正。

這種規定與電流正、負的規定一樣是任意的，但應保持一定，不能在解決問題時前後不一致。

圖2

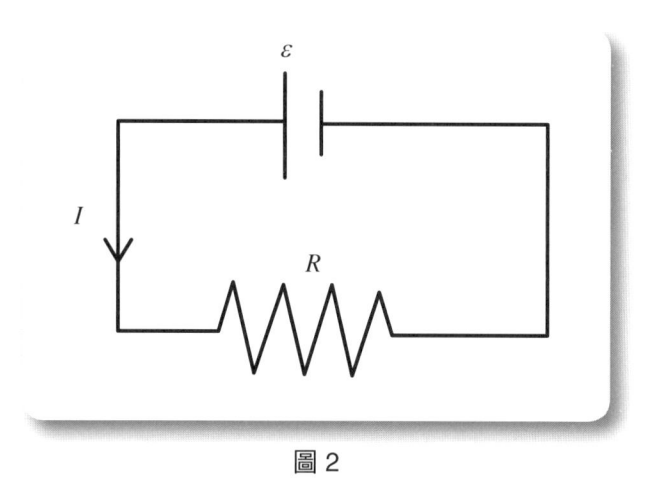

　　假如得到的答案中電流之值為負，則表示實際電流的方向與計算中假設的方向相反。

　　明白了克希荷夫定律，則可應用此定律計算較複雜的電路。

　　首先，必須描繪一清晰電路圖。其次，每一電路上任意指定一個電流方向。每一節點，依克希荷夫電流定律，列出電流方程式。每一迴路，依克希荷夫電壓定律，列出電位差方程式。

　　最後，解此聯立方程式，則可得出每一電路之電流。

　　考慮圖3的單電源電路(忽略電池的內電阻)，

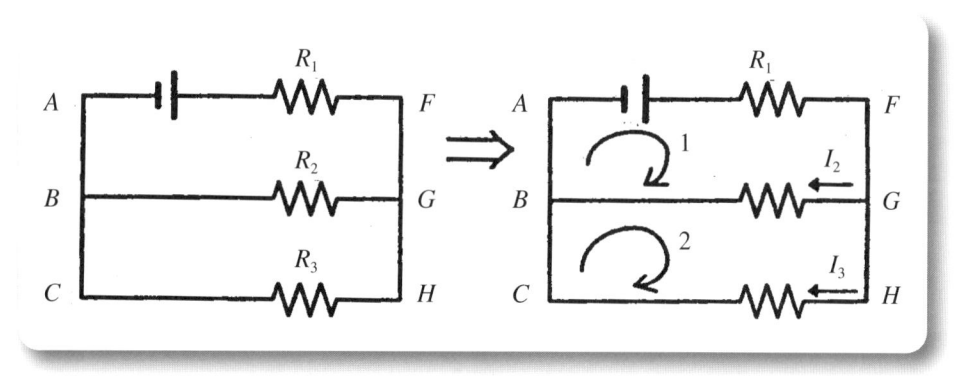

圖3

首先須觀察有多少電路，並設流經電路的電流的方向，設流經 BAFG、BG 及 BCHG 的電流分別為 I_1、I_2 及 I_3，方向如圖所示，則對 B 點或 G 點而言，依克希荷夫電流定律得：

$$I_1 - I_2 - I_3 = 0$$
$$I_1 = I_2 + I_3 \tag{1'}$$

再取迴路 1 (*AFGBA*) 及迴路 2 (*BGHCB*)，依克希荷夫電壓定律得：

迴路 1 (*AFGBA*) $\quad \varepsilon_1 = I_1 R_1 + I_2 R_2 \tag{2'}$

迴路 2 (*BGHCB*) $\quad 0 = I_2 R_2 + I_3 R_3 \tag{3'}$

解聯立方程式 (1')、(2')、(3')，得：

$$\boxed{I_1 = [(R_2+R_3)\varepsilon_1] / (R_1R_2+R_2R_3+R_3R_1)} \tag{4'}$$

$$\boxed{I_2 = (R_3\varepsilon_1) / (R_1R_2+R_2R_3+R_3R_1)} \tag{5'}$$

$$\boxed{I_3 = (R_2\varepsilon_1) / (R_1R_2+R_2R_3+R_3R_1)} \tag{6'}$$

由 (4')、(5')、(6') 可求得電流 I_1、I_2 及 I_3。

如果所求電流的數值是"＋"，則表示與圖中所假設的方向相向。如果所求電流的數值是"－"，則表示與圖中所假設的方向相反。

考慮圖 4 的雙電源電路 (忽略電池的內電阻)，

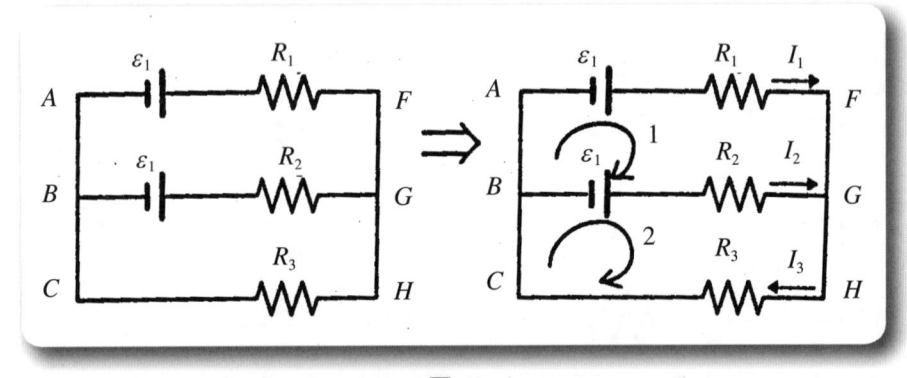

圖 4

設流經 *BAFG*、*BG* 及 *BCHG* 的電流分別為 I_1、I_2 及 I_3，方向如圖 4 右所示，則對 *B* 點或 *G* 點而言，依克希荷夫電流定律得：

$$I_1 + I_2 - I_3 = 0$$
$$I_1 + I_2 = I_3 \tag{1''}$$

再取迴路 1 (*AFGBA*) 及迴路 2 (*BGHCB*)，依克希荷夫電壓定律得：

迴路 1 (*AFGBA*)　　　　　$\varepsilon_1 - \varepsilon_2 = I_1 R_1 - I_2 R_2$ 　　　　　　　(2″)

迴路 2 (*BGHCB*)　　　　　$\varepsilon_2 = -I_2 R_2 + I_3 R_3$ 　　　　　　　　(3″)

解聯立方程式 (1″)、(2″)、(3″)，得：

$$\boxed{I_1 = [(R_2 + R_3)\varepsilon_1 - R_3 \varepsilon_2]/(R_1 R_2 + R_2 R_3 + R_3 R_1)} \quad (4'')$$

$$\boxed{I_2 = [-R\varepsilon_1 + (R_1 + R_3)\varepsilon_2] / (R_1 R_2 + R_2 R_3 + R_3 R_1)} \quad (5'')$$

$$\boxed{I_3 = (R_2 \varepsilon_1 + R_1 \varepsilon_2) / (R_1 R_2 + R_2 R_3 + R_3 R_1)} \quad (6'')$$

由 (4″)、(5″)、(6″) 所得的電流 I_1、I_2 及 I_3。

如果所求電流的數值是"＋"，則表示與圖中所假設的方向相向。如果所求電流的數值是"－"，則表示與圖中所假設的方向相反。

儀　器

1. 克希荷夫定律實驗裝置，包含兩組獨立直流電 8 V 及 5 V、實驗電路圖、數位安培表及伏特表、保護外殼、電源線。
2. 電阻：兩端有插稍，共六種：
   分別為 470、560、680、750、820 及 1000 Ω。
3. 連接線：10 條。

步　驟

一、單電源電路

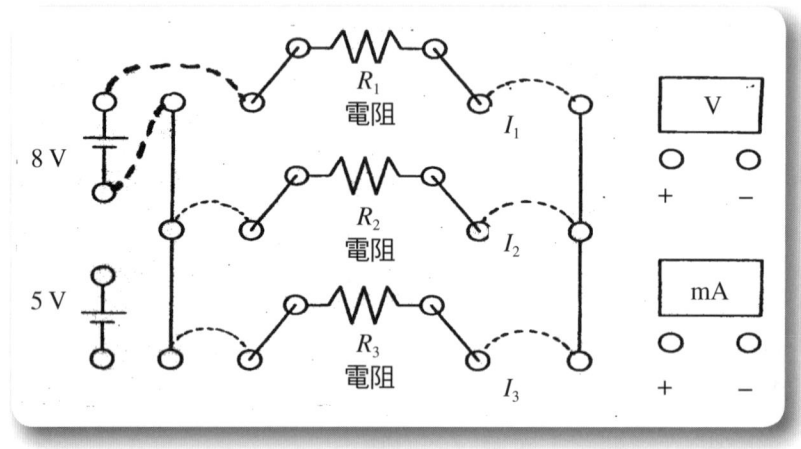

圖 5

1. 任選三個兩端有插稍的電阻，分別插在面板上電阻的端子上，並依次由上至下記為 R_1、R_2 及 R_3。
2. 選擇單一個直流電源，連接線路如圖 5 所示，圖中實線是儀器內接導線，虛線部份必須使用連接線連接。
3. 使用直流電壓表以連接線並聯於電路 (DC 8 V 電源輸出端)，量得電源電動勢，記為 ε_1。
4. 移開 I_1 處兩端之連接線，使用直流電流表以連接線串聯，量得電流 I_1。
5. 移開 I_2 處兩端之連接線，使用直流電流表以連接線串聯，量得電流 I_2。
6. 移開 I_3 處兩端之連接線，使用直流電流表以連接線串聯，量得電流 I_3。
7. 將 R_1、R_2 及 R_3 代入公式得電流 I_1、I_2 及 I_3 的計算值，再與測量值比較，並求其誤差。

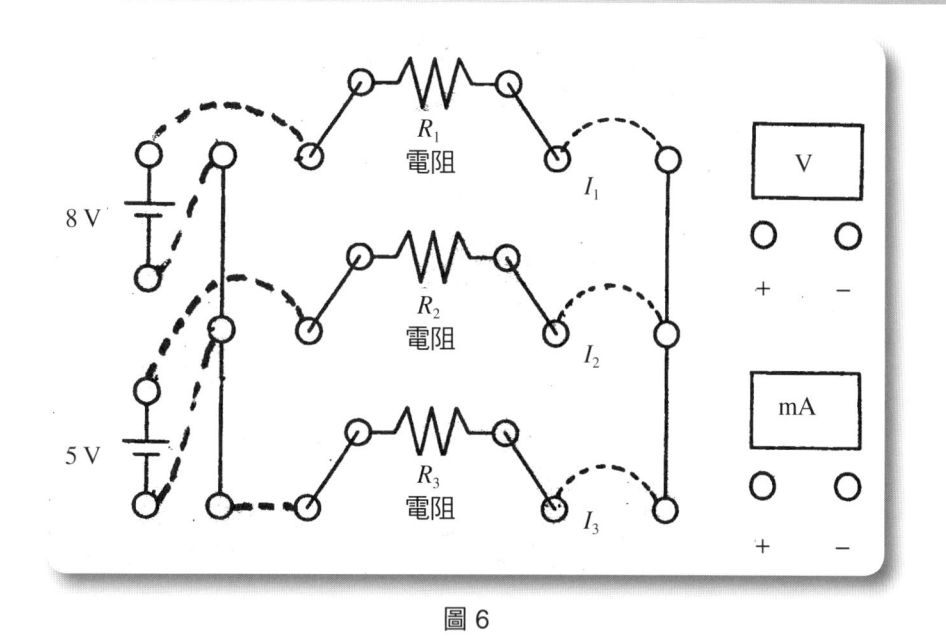

二、雙電源電路

圖 6

1. 任選三個兩端有插梢的電阻，分別插在面板上電阻的端子上，並依次由上至下記為 R_1、R_2 及 R_3。
2. 選擇兩個直流電源，連接線路如圖 6 所示，圖中實線是儀器內接導線，虛線部份必須使用連接線連接。
3. 使用直流電壓表以連接線並聯於電路 (DC 8 V 電源輸出端)，量得電源電動勢，記為 ε_1。
4. 使用直流電壓表以連接線並聯於電路 (DC 5 V 電源輸出端)，量得電源電動勢，記為 ε_2。
5. 移開 I_1 處兩端之連接線，使用直流電流表以連接線串聯，量得電流 I_1。
6. 移開 I_2 處兩端之連接線，使用直流電流表以連接線串聯，量得電流 I_2。
7. 移開 I_3 處兩端之連接線，使用直流電流表以連接線串聯，量得電流 I_3。
8. 將 R_1、R_2 及 R_3 代入公式得電流 I_1、I_2 及 I_3 的計算值，再與測量值比較，並求其百分誤差。
9. 另取不同電阻值 R_1、R_2 及 R_3，重複步驟 3～8，如此，有多種電路實驗。

實驗 14　精緻光學實驗

- 反射定律實驗
- 平面鏡成像實驗
- 柱面鏡成像實驗
- 凹球面鏡實驗
- 凸球面鏡實驗
- 折射定律實驗
- 稜鏡折射實驗
- 凸透鏡成像實驗
- 凹透鏡成像實驗
- 雙狹縫干涉實驗
- 單狹縫繞射實驗
- 光柵繞射實驗
- 望遠鏡原理實驗
- 顯微鏡原理實驗

反射定律實驗

目 的

觀察光線經平面鏡的反射路徑,以實驗求證反射定律。

名詞解釋

1. **法線**是入射線入射於平面鏡的入射點上所作垂直於平面鏡的直線。
2. **入射角**是入射線與法線所夾之角。
3. **反射角**是反射線與法線所夾之角。

原 理

光的反射定律為:

1. 入射線及反射線分別在法線的兩側,且入射線、法線和反射線均在同一平面上。
2. 入射角等於反射角。

儀　器

1. 精緻光學吸附平台。
2. 精緻光源。
3. 精緻光具座。
4. 單縫片。
5. 角度盤座。
6. 精緻角度盤。
7. 三面反射柱形體。

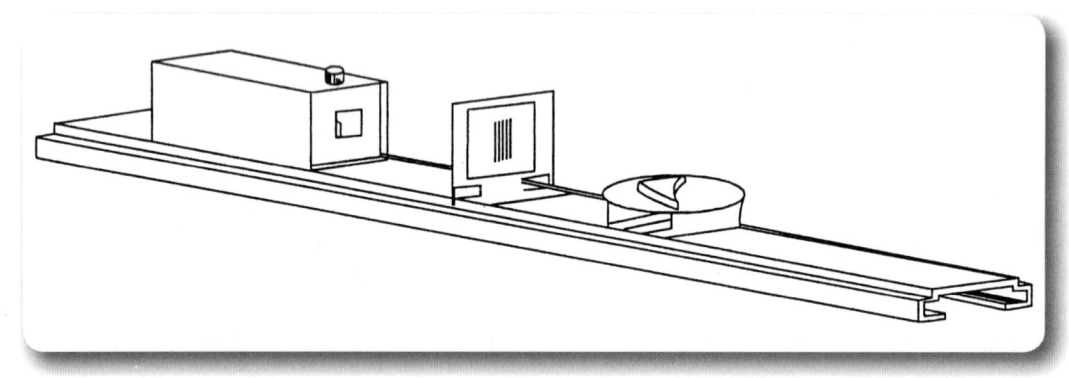

圖 1

步　驟

1. 儀器裝置如圖 1 所示，光源、光具座及角度盤座均置於光學吸附平台上，單縫片吸附在光具座上，角度盤置於角度盤座上，三面反射柱形體置於角度盤上。
2. 打開光源，適當的調整光源、光具座及角度盤座間的距離，使到達角度盤上的光線細小均勻。
3. 將三面反射柱形體的平面部份，置於角度盤上 90-90° 之直線上，如圖 2 所示，調整光線使從 0° 方向入射及反射。
4. 轉動角度盤，使入射角為 15°，觀察反射線在何角度，記錄此時之反射角。
5. 逐漸增加入射角為 30°、45°、60°、75°，一一記錄所對應的反射角。
6. 轉動角度盤，使入射光線從另一方向入射，其角度依次為 15°、30°、45°、60°、75°，並一一記錄所對應的反射角。
7. 仔細檢查所記錄的反射角與入射角之相對應值，再下結論。

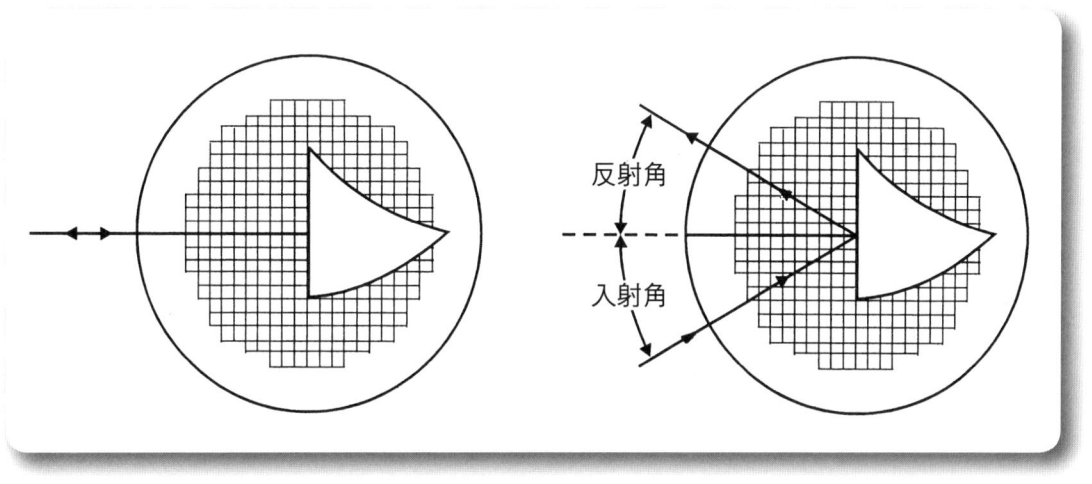

圖 2

反射定律實驗報告

記　錄

方向 1		方向 2	
入射角	反射角	入射角	反射角
0°		0°	
15°		15°	
30°		30°	
45°		45°	
60°		60°	
75°		75°	

問　題

1. 試證當反射面轉動 θ 角時，反射線轉動 2θ 角？

    答：_____

    _____

    _____

2. 一束光照射平面鏡上，其入射線與反射線間之夾角為 15°，若平面鏡的法線向入射線旋轉 15°，則旋轉後，入射線與反射線間之夾角為多少？

    答：_____

    _____

    _____

討　論

平面鏡成像實驗

目 的

由平面鏡反射實驗中,測量物距與像距的大小是否相等,藉以了解光的直線性,並驗證反射定律。

原 理

一束光線入射於一平坦反射面,則入射線與反射線必遵守下列兩個原則:

1. 入射線、法線及反射線,均在同一平面上。
2. 入射角等於反射角。

上述兩原則,稱之為反射定律。

平面鏡成像的原理遵守反射定律,如圖 1 所示,由物體發出的每一光線,經鏡

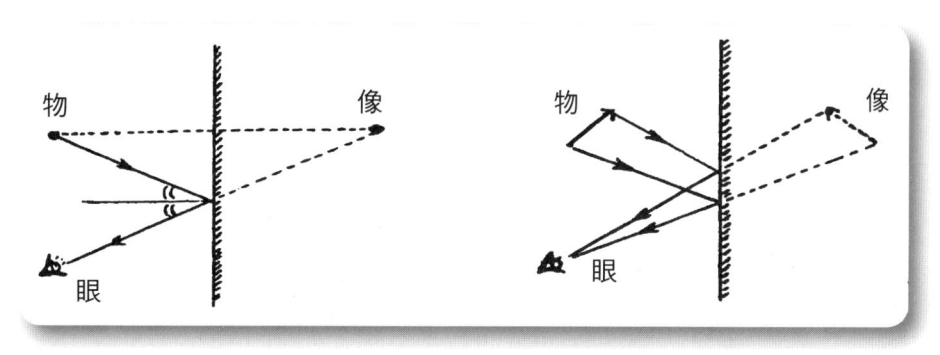

圖1

面反射後，其反射線的延長線會在鏡後形成一與物體完全一樣的像，因其不是真正光線會聚之像，故稱之為虛像。

經過仔細觀察及測量後，我們可獲得平面鏡成像的三項結論：

1. 左右相反的正立虛像。
2. 物距 (物至鏡之垂直距離) 等於像距 (像至鏡之垂直距離)。
3. 放大率為 1，即像之大小與物之大小一樣。

儀 器

1. 精緻光學吸附平台。
2. 精緻光源。
3. 精緻光具座。
4. 五縫片。
5. 角度盤座。
6. 精緻角度盤。
7. 三面反射柱形體。
8. 白紙。

步 驟

1. 如圖 2 所示，將精緻光源、精緻光具座及精緻角度盤置於精緻光學吸附平台上，五縫片吸附於精緻光具座上，精緻角度盤放在角度盤座上。
2. 將三面反射柱形體及白紙放在精緻角度盤上，本實驗僅使用平面部份，即是平面鏡。
3. 打開精緻光源，適當的調整各相關位置，使光線經五縫片入射於平面鏡，並經平面鏡反射，將平面鏡、入射線及反射線的位置，一一在白紙上畫出。
4. 取下白紙，將入射線往精緻光源方向延長，找出燈絲位置 (或直接由精緻光學吸附平台上讀出)，在此燈絲當作「物」。反射線也往鏡後延長至交會點，此即是燈絲之「像」。從物及像向平面鏡面畫垂直線，如圖 3 所示，量得物鏡與像距，並記錄之。

5. 改變五縫片及角度盤座之位置,重複步驟 2 至 4,如此量得多組物距與像距之實驗值。

6. 比較物距與像距之值,並下結論。

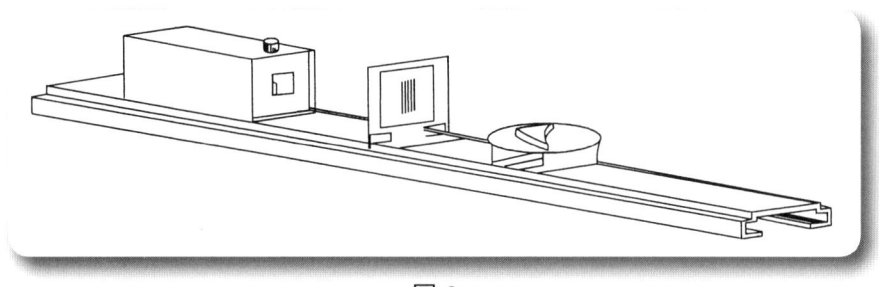

圖 2

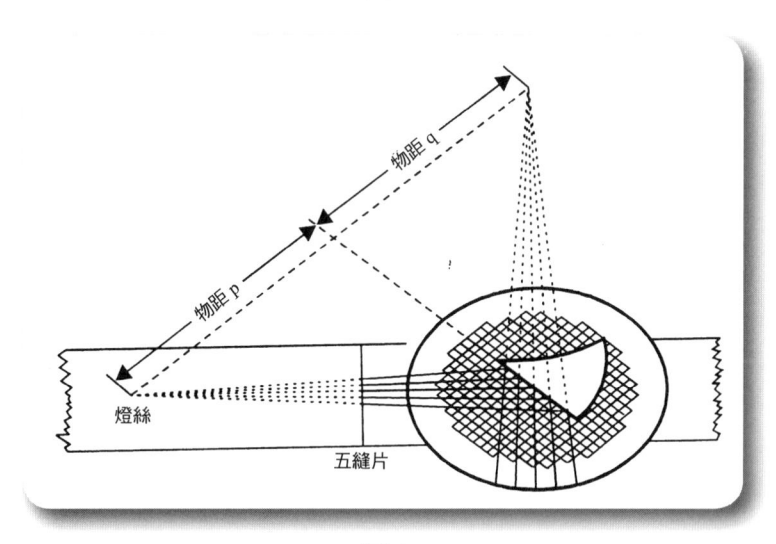

圖 3

平面鏡成像實驗報告

記　錄

次數	物距 p (cm)	像距 q (cm)
1		
2		
3		
4		
5		

結論：

問　題

1. 甲身高 175 cm，眼距地面 170 cm，乙身高 180 cm，眼距地面 174 cm。一平面鏡掛在牆壁上，甲、乙二人欲用此平面鏡見到全身像，則此平面鏡最小的高度應為多少？

答：_____

_____

_____

2. 一物成像於鏡後 50 cm 處，其高為 15 cm，今欲於鏡面前 1 m 處窺見鏡內該物體之全像，則此鏡的最小高度應為多少？

答：_____

_____

_____

討　論

柱面鏡成像實驗

目 的

使用平行光線，觀察凹、凸面鏡的成像情形，並決定其焦距。

原 理

一束光線入射於凹或凸面鏡時，則光線將依反射定律反射。如果使用平行光線為入射線，則經凹面鏡反射後的光線，必會交於一點，此點稱為焦點，由焦點到鏡面之距離是為焦距。如經凸面鏡反射，則反射線在鏡前不會相交，但其延長線則會交於虛焦點，量虛焦點至鏡面之距離，就得凸面鏡之焦距。

在本實驗中，欲觀察面鏡成像情形，可移動光源的位置，則反射後聚焦之位置也隨之改變，將光源兩個不同的距離當作物的高度，則反射後兩相對應之焦點間之距離，就是像的高度。

比較物的高度及像的高度，就知道面鏡成像放大情形，仔細測量物及像的高度，即可算出面鏡的放大率。

儀 器

1. 精緻光學吸附平台。
2. 精緻光源。

3. 精緻光具座。
4. 平行光鏡。
5. 五狹縫片。
6. 角度盤座。
7. 精緻角度盤。
8. 三面反射柱形體。
9. 附角度記錄紙。

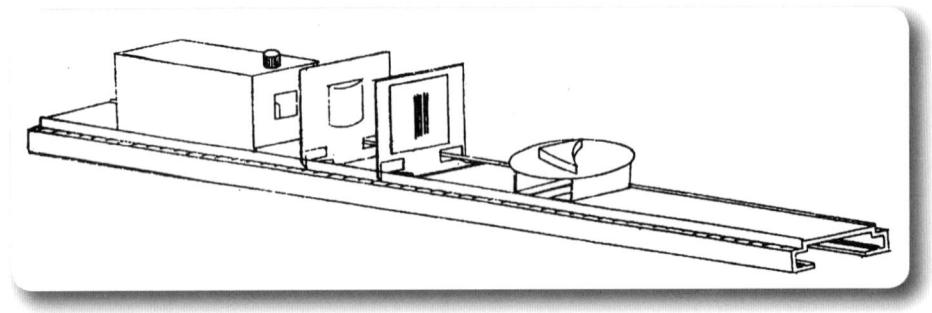

圖 1

步　驟

1. 儀器裝置如圖 1 所示，將精緻光源、精緻光具座及角度盤座，置於精緻光學吸附平台上，平行光鏡及五狹縫片分別吸附於精緻光具座上，精緻角度盤則置於角度盤座上。
2. 將紙放在角度盤上，三面反射柱形體放在紙上，先讓凹面部份對準五縫片。
3. 打開精緻光源，調整平行光鏡之位置，移動五狹縫片觀察光線是否平行，如不平行，則繼續調整平行光鏡之位置，一直到光線平行為止。
4. 移動精緻光具座，觀察經五狹縫片的光線射至凹面柱形體後，其反射光線是否會聚於一點，如否，則稍為轉動一下凹面柱形體即可。當反射光線聚於一點 (焦點) 後，取筆在紙上描繪入射、反射光線及凹面柱形體之位置，拿尺量鏡面至會聚之點的距離，即得凹柱形面鏡的焦距 (如圖 2 所示)。
5. 改變各相關位置，重複上述實驗二次，共得焦距值三個，取其平均值。
6. 將三面柱形體的凸面部份，對準五狹縫片，重複步驟 3 至 4，但此時之反射光線，不會在鏡前相交，只要稍為轉動鏡面，使五條入射光線的中央光線，其反射光線與入射光線重合，描繪此時所有入射、反射光線及鏡面之位置，取下記錄紙，延長反射線至鏡面後相交於虛焦點，測量虛焦點至鏡面之距離，即得凸柱形面鏡之焦距 (如圖 3 所示)。

7. 改變各相關位置，重複步驟 6 之實驗二次，共得焦距值三個，取其平均值。

8. 如欲知道凹凸面鏡的放大率，只要在實驗中，轉動光源之位置，則反射線會聚之點 (焦點) 必隨之改變，測量兩次焦點之距離 (像長) 及兩次光源之距離 (物長) 就知道凹凸面鏡是放大或縮小。

附註：本實驗中，測量像長及物長比較不容易，故建議此項以觀察現象為宜，不必定量。

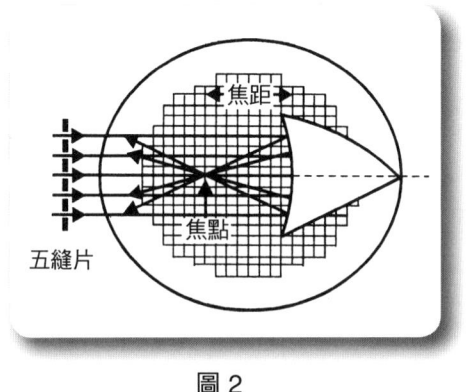

圖 2

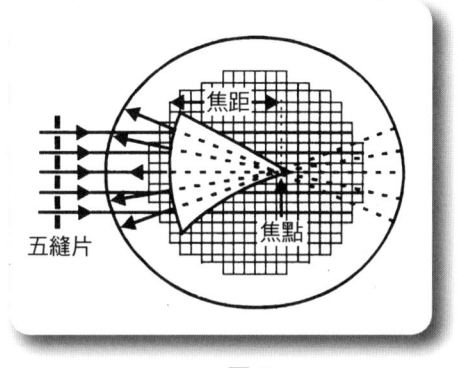

圖 3

柱面鏡成像實驗報告

記　錄

1. 凹柱形面鏡

次數	1	2	3	平均
焦距 f				

2. 凸柱形面鏡

次數	1	2	3	平均
焦距 f				

3. 放大率 (註：只要記錄何種面鏡，是放大或縮小)

答：_____

問　題

1. 如何知道經過平行光鏡後的光線是平行光線？

答：_____

2. 在本實驗中，如果使用的入射光線不是良好的平行光線，則你觀察到的反射現象如何？與焦距有何關係？

答：_____

討　論

凹球面鏡實驗

目的

1. 觀察凹球面鏡成像情形,並決定凹球面鏡之焦距。
2. 測量物體及成像之高度,算出凹球面鏡之放大率,並驗證成像公式:

$$1/p + 1/q = 1/f$$

原理

　　一物體放在一個凹球面鏡前,此物體每一點所發出的光,當它抵達凹球面鏡時,依反射定律,這些光線會反射回來,而在鏡前 (或鏡後) 會聚成像,如圖 1 所示。

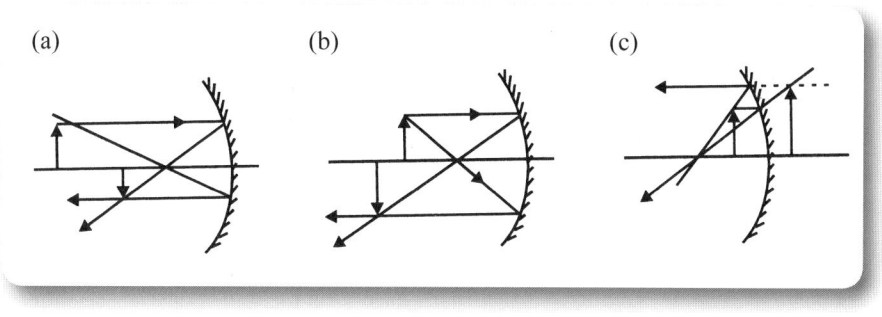

圖 1

其中　p = 物體至鏡面之距離 (簡稱物距)，
　　　q = 像至鏡面之距離 (簡稱像距)，
　　　f = 面鏡的焦距，
　　　r = 球面鏡的曲率半徑，且 $f = r/2$。

根據光的反射定律，並利用三角函數及近似值，我們可推論出凹球面鏡的成像公式：

$$1/p + 1/q = 1/f \tag{1}$$

而放大率 M 則為

$$M = q/p \tag{2}$$

在實驗中，先調整物距 p，再量得像距 q，就可算出凹球面鏡的焦距及放大率，並可與測量像的大小及物的大小所得之放大率相比較。

儀　器

1. 精緻光學平台。
2. 精緻光源。
3. 精緻光具座。
4. 精緻矢形孔。
5. 精緻像屏。
6. 待測物之一：凹球面鏡 ($f = +50$ mm)。
7. 待測物之二：凹球面鏡 ($f = +80$ mm)。

步　驟

1. 儀器裝置如圖 2 所示，精緻光源及三個精緻光具座放在精緻光學平台上，精緻矢形孔吸附在距光源約 10 cm 處的精緻光具座上，精緻像屏吸附在中間的精緻光具座上且偏向一邊，使精緻光具座中空部份留出一半，以便讓光線通過，將待測球面鏡吸附則距光源約 60 cm 的精緻光具座上。

2. 先調整精緻矢形孔至球面鏡的距離 (物距) 50 cm，打開光源並旋轉光源位置，使光線通過精緻矢形孔及中間精緻光具座中空部份，而到達球面鏡上，再經球面鏡反射至精緻像屏上，移動附精緻像屏之精緻光具座，使所成精緻矢形孔之像，最清晰為止，測量此時精緻像屏至球面鏡之距離 (像距)，並記錄之。

3. 測量精緻矢形孔的高度 (物高) 記為 H_o，再量精緻像屏上同一精緻矢形孔成像的高度 (像高) 記為 H，像高 H 除以物高 H_o 就是放大率 M。

4. 依次將物距調為 40、30、20 及 10 cm，如步驟 2，可得相對應之像距，並一一記錄之。(在本實驗中，如繼續將物距縮小，則我們將無法在精緻像屏上觀察到成像，此時即在鏡後成像，稱為虛像。)

5. 從量得的物距及像距，算出球面鏡的焦距及放大率。焦距值可與球面鏡上之標示值比較之。放大率可與步驟 3 所得之值比較。

6. 取另一待測凹球面鏡，重複步驟 2 至 5。

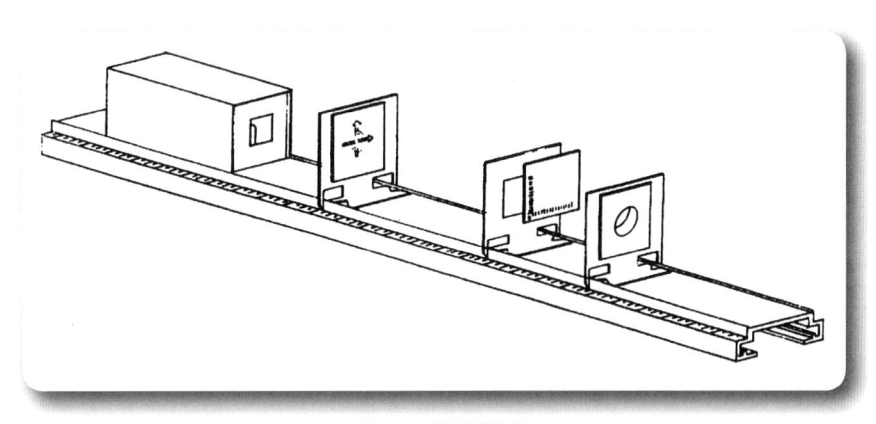

圖 2　儀器裝置

凹球面鏡實驗報告

記　錄

一、凹球面鏡：(焦距標示值 $f = +50$ mm)

物距 p (cm)	像距 q (cm)	焦距 f (cm)	放大率 M $M = q/p$	物高 H_o (cm)	像高 H (cm)	放大率 M $M = H/H_o$
50						
40						
30						
20						
10						

1. 焦距 f 之平均 = ＿＿＿＿。
2. 放大率 ($M = q/p$) 之平均 = ＿＿＿＿。
3. 放大率 ($M = H/H_o$) 之平均 = ＿＿＿＿。

二、凹球面鏡：(焦距標示值 $f = +80$ mm)

物距 p (cm)	像距 q (cm)	焦距 f (cm)	放大率 M $M = q/p$	物高 H_o (cm)	像高 H (cm)	放大率 M $M = H/H_o$
50						
40						
30						
20						
10						

1. 焦距 f 之平均 = ＿＿＿＿。
2. 放大率 ($M = q/p$) 之平均 = ＿＿＿＿。
3. 放大率 ($M = H/H_o$) 之平均 = ＿＿＿＿。

問　題

1. 試導出凹球面鏡成像公式 (1)？

答：_____

_____

_____

_____

_____

_____

2. 一凹球面鏡之曲率半徑為 30 cm，現有一物體放在面鏡前 20 cm 處，則其成像之位置及放大率如何，實像或虛像？如將物體移至鏡前 10 cm 處，又如何？

答：_____

_____

_____

_____

_____

_____

_____

討　論

凸球面鏡實驗

目 的

1. 觀察凸球面鏡成像情形，並決定凸球面鏡之焦距。
2. 測量物體及成像之高度，算出凸球面鏡之放大率，並驗證成像公式：

$$1/p + 1/q = 1/f$$

原 理

　　一物體放在一個凸球面鏡前，此物體每一點所發出的光，當它抵達凸球面鏡時，依反射定律，這些光線會反射回來，而在鏡後 (反射之延長) 會聚成像，如圖 1 所示。

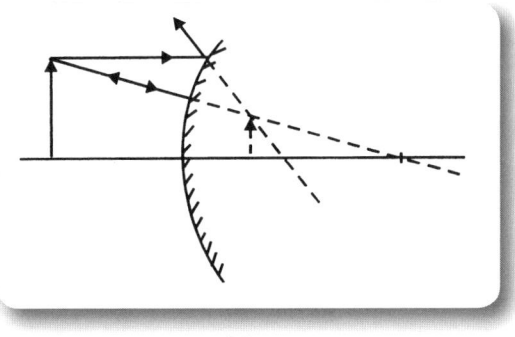

圖 1

其中　p = 物體至鏡面之距離 (簡稱物距)
　　　q = 像至鏡面之距離 (簡稱像距)
　　　f = 面鏡的焦距 (因焦點在鏡後，一般均以負值表示)
　　　r = 球面鏡的曲率半徑，且 $f = r/2$。

根據光的反射定律，並利用三角函數及近似值，我們可推論出凸球面鏡的成像公式：

$$1/p + 1/q = 1/f \tag{1}$$

而放大率 M 則為

$$M = q/p \tag{2}$$

在實驗中，先調整物距 p，再量得像距 q，就可算出凸球面鏡的焦距及放大率，並可與測量像的大小及物的大小所得之放大率相比較。

儀　器

1. 精緻光學平台。
2. 精緻光源。
3. 精緻光具座。
4. 精緻矢形孔。
5. 精緻像屏。
6. 待測物之一：凸球面鏡 ($f = -50$ mm)。
7. 待測物之二：凸球面鏡 ($f = -80$ mm)。
8. 凸透鏡 ($f = +100$ mm)。

步 驟

一、視差法

1. 儀器裝置如圖 2 所示，精緻光源及二個精緻光具座放在精緻光學平台上，精緻矢形孔吸附在距光源約 10 cm 處的精緻光具座上，將待測凸面鏡吸附在另一個精緻光具座上。

2. 先調整精緻矢形孔至凸面鏡的距離 (物距) 45 cm，打開光源並旋轉光源位置，使光線通過精緻矢形孔到達凸面鏡上，依反射定律，經球面鏡反射的光線無法在鏡前成像，但反射線的延長線卻可在鏡後相交而成虛像，欲測量此像的位置，可以視差法，即將眼睛正視凸面鏡，使用一眼觀看鏡後的矢形孔像，另外一眼直接觀看在鏡後來回移動指標 (手持原子筆心或細小棒)，一直到指標與精緻矢形孔像吻合為止，記錄此時指標與凸面鏡之距離 (像距)。(因成像在鏡後，故像距必須取負值)。

3. 依次將物距調為 30 及 15 cm，如步驟 2，可得相對應之像距，一一記錄之。

4. 從量得的物距及像距，算出凸面鏡的焦距及放大率。焦距值可與凸面鏡上之標示值比較之。

5. 取另一待測凸球面鏡，重複步驟 2 至 4。

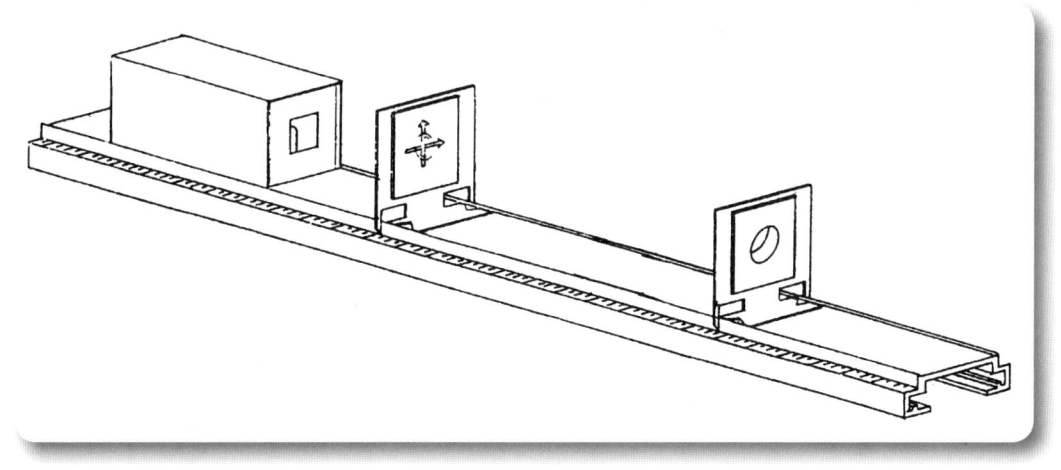

圖 2　儀器裝置

二、疊合法

1. 儀器裝置如圖 3 所示，精緻光源及四個精緻光具座放在精緻光學平台上，精緻矢形孔吸附在距光源約 10 cm 處的精緻光具座上，接著凸透鏡吸附在第二個精緻光具座上，待測凸面鏡吸附在第三個精緻光具座上，精緻像屏則吸附在最後一個精緻光具座上。
2. 取下待測凸面鏡及精緻光具座，調整精緻像屏及精緻矢形孔的距離為 70 cm，打開光源，移動凸透鏡的位置，使精緻矢形孔 (物) 經凸透鏡折射後，清晰的成像於精緻像屏上。

   附註：凸透鏡的位置有兩個，稱為共軛位置，在此，取成像放大的第一位置。
3. 在凸透鏡與精緻像屏間，放上待測凸面鏡及其精緻光具座，並移動其位置，使精緻矢形孔 (物) 經凸透鏡折射後，到達凸面鏡，再從凸面鏡反射後，經凸透鏡成像於原精緻矢形孔的位置，測量此時凸面鏡與精緻像屏間的距離，即得凸面鏡的曲率半徑，再除以 2 就是焦距。
4. 改變精緻像屏與精緻矢形孔的距離為 60 及 50 cm，重複步驟 2 及 3。
5. 取另一凸面鏡，重複上述實驗。

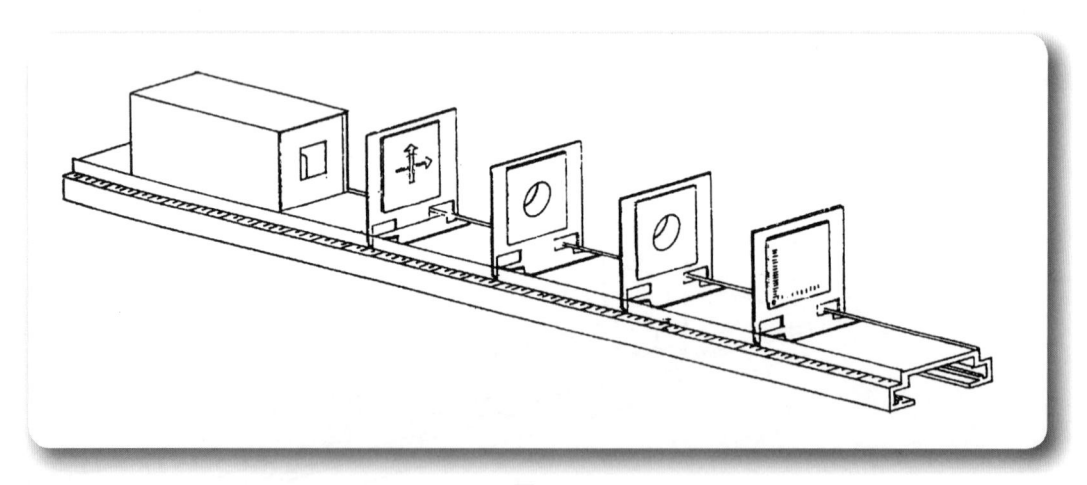

圖 3

三、共軛法

1. 儀器裝置如圖 4 所示，精緻光源及四個精緻光具座放在精緻光學平台上，精緻矢形孔吸附在距光源約 10 cm 處的精緻光具座上，接著凸透鏡吸附在第二個精緻光具座上，待測凸面鏡吸附在第三個精緻光具座上，精緻像屏則吸附在最後一個精緻光具座上。
2. 取下待測凸面鏡及精緻光具座，調整精緻像屏及精緻矢形孔的距離為 70 cm，打開光源，移動凸透鏡的位置，使精緻矢形孔 (物) 經凸透鏡折射後，清晰的成像於精緻像屏上。

   附註：凸透鏡的位置有兩個，稱為共軛位置，在此，取成像縮小的第二位置。
3. 在凸透鏡與精緻像屏間，放上待測凸面鏡及其精緻光具座，並移動其位置，使精緻矢形孔 (物) 經凸透鏡折射後，到達凸面鏡，再從凸面鏡反射後，成像於凸透鏡與凸面鏡間，此成像位置與凸面鏡之距離，是為像距 (正值)，而凸面鏡與原來精緻像屏間之距離為物距 (負值)，一一記錄之，代入公式 (1)，即可算出凸面鏡的焦距。
4. 改變精緻像屏與精緻矢形孔的距離為 60 及 50 cm，重複步驟 2 及 3。
5. 取另一凸面鏡，重複上述實驗。

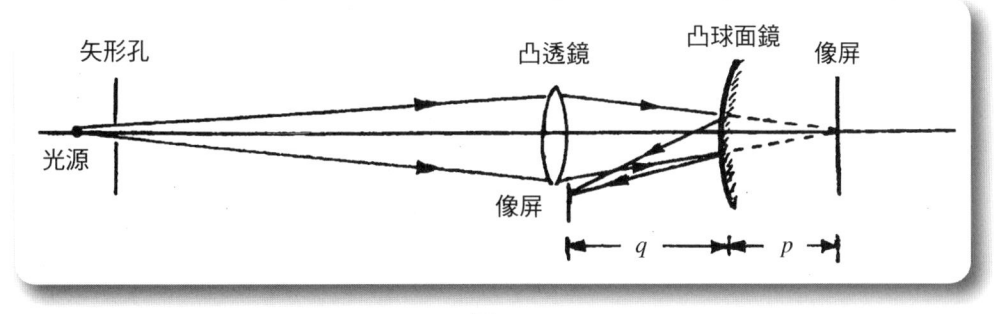

圖 4

凸球面鏡實驗報告

記　錄

一、視差法

1. 凸球面鏡 ($f = -50$ mm)

物距 p (cm)	像距 q (cm)	焦距 f (cm)	放大率 M $M = q/p$
45			
30			
15			

(1) 放大率 ($M = q/p$) 之平均 = ＿＿＿＿＿。

(2) 焦距 (f) 之平均 = ＿＿＿＿＿。

(3) 焦距之百分誤差 % = ＿＿＿＿＿。

2. 凸球面鏡 ($f = -80$ mm)

物距 p (cm)	像距 q (cm)	焦距 f (cm)	放大率 M $M = q/p$
45			
30			
15			

(1) 放大率 ($M = q/p$) 之平均 = ＿＿＿＿＿。

(2) 焦距 (f) 之平均 = ＿＿＿＿＿。

(3) 焦距之百分誤差 % = ＿＿＿＿＿。

二、疊合法

1. 待測凸球面鏡 ($f = -50$ mm)

矢形孔與像屏距離 (cm)	曲率半徑 r (cm)	焦距 f (cm)
70		
60		
50		

(1) 焦距 (f) 之平均 =＿＿＿＿。

(2) 焦距之百分誤差 %=＿＿＿＿。

2. 待測凸球面鏡 ($f = -80$ mm)

矢形孔與像屏距離 (cm)	曲率半徑 r (cm)	焦距 f (cm)
70		
60		
50		

(1) 焦距 (f) 之平均 =＿＿＿＿。

(2) 焦距之百分誤差 %=＿＿＿＿。

三、共軛法

1. 待測凸球面鏡 ($f = -50$ mm)

矢形孔與像屏距離 (cm)	物距 p (cm)	像距 q (cm)	焦距 f (cm)	放大率 M $M = q/p$
70				
60				
50				

(1) 放大率 ($M = q/p$) 之平均 = _____。

(2) 焦距 (f) 之平均 = _____。

(3) 焦距之百分誤差 % = _____。

2. 待測凸球面鏡 ($f = -80$ mm)

矢形孔與像屏距離 (cm)	物距 p (cm)	像距 q (cm)	焦距 f (cm)	放大率 M $M = q/p$
70				
60				
50				

(1) 放大率 ($M = q/p$) 之平均 = _____。

(2) 焦距 (f) 之平均 = _____。

(3) 焦距之百分誤差 % = _____。

問 題

1. 試比較由上述三種方法所得的凸面鏡焦距值，並討論之？

答：＿＿＿＿＿＿＿＿＿＿＿＿＿＿＿＿＿＿＿＿＿＿＿＿＿＿＿＿＿＿＿＿
＿＿＿＿＿＿＿＿＿＿＿＿＿＿＿＿＿＿＿＿＿＿＿＿＿＿＿＿＿＿＿＿＿＿
＿＿＿＿＿＿＿＿＿＿＿＿＿＿＿＿＿＿＿＿＿＿＿＿＿＿＿＿＿＿＿＿＿＿
＿＿＿＿＿＿＿＿＿＿＿＿＿＿＿＿＿＿＿＿＿＿＿＿＿＿＿＿＿＿＿＿＿＿
＿＿＿＿＿＿＿＿＿＿＿＿＿＿＿＿＿＿＿＿＿＿＿＿＿＿＿＿＿＿＿＿＿＿

2. 一凸球面鏡之曲率半徑為 24 cm，現有一物體放在面鏡前 20 cm 處，則其成像之位置及放大率如何，實像或虛像？

答：＿＿＿＿＿＿＿＿＿＿＿＿＿＿＿＿＿＿＿＿＿＿＿＿＿＿＿＿＿＿＿＿
＿＿＿＿＿＿＿＿＿＿＿＿＿＿＿＿＿＿＿＿＿＿＿＿＿＿＿＿＿＿＿＿＿＿
＿＿＿＿＿＿＿＿＿＿＿＿＿＿＿＿＿＿＿＿＿＿＿＿＿＿＿＿＿＿＿＿＿＿
＿＿＿＿＿＿＿＿＿＿＿＿＿＿＿＿＿＿＿＿＿＿＿＿＿＿＿＿＿＿＿＿＿＿
＿＿＿＿＿＿＿＿＿＿＿＿＿＿＿＿＿＿＿＿＿＿＿＿＿＿＿＿＿＿＿＿＿＿

討 論

折射定律實驗

目 的

1. 研習光的折射定律。
2. 測定透明物體的折射率。

名詞解釋

1. **折射**：光由某一介質進入另一介質，其進行的方向會改變的現象稱之。
2. **法線**：是在光入射點處垂直界面的直線。
3. **入射角**：是入射線與法線的交角。
4. **折射角**：是折射線與法線的交角。

原 理

折射定律有下列三點：

1. 入射線、折射線及界面的法線均在同一平面上，且入射線及反射線分別在法線的兩側。
2. 入射角的正弦和折射角的正弦的比值為一常數，稱為折射定律，又稱為**斯涅爾定律** (Snell's Law)。
3. 光具有可逆性。

其中第 2 點中之常數即折射率，如下式所示：

$$n \equiv \frac{\sin i}{\sin r}$$

此關係式即為折射定律，又稱為斯涅爾定律 (Snell's Law)，其中 $i=$ 入射角；$r=$ 折射角；$n=$ 折射率。

儀　器

1. 精緻光學吸附平台。
2. 精緻光源。
3. 精緻光具座。
4. 角度盤座。
5. 角度盤。
6. 單縫片。
7. 待測物之一：半圓柱體 (壓克力製)。
8. 待測物之二：半圓柱體 (玻璃製)。
9. 待測物之三：壓克力磚。
10. 待測物之四：玻璃磚。
11. 附角度記錄紙。

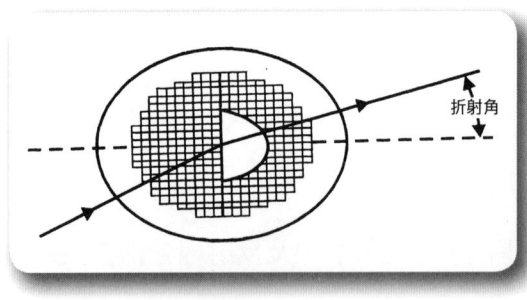

圖 1

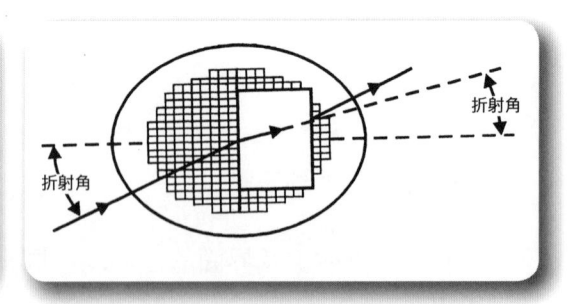

圖 2

步　驟

1. 儀器裝置如圖 3 所示，將光源、光具座及角度盤座，置於光學台上，單縫片吸附於光具座上，角度盤座置於角度盤上。
2. 將【待測物之一：半圓柱體 (壓克力製)】放在角度盤上，半圓直徑對準角度盤上任一直角座標軸，半圓心與座標軸原點對齊。
3. 打開光源，適當調整單縫片與光源的距離及位置 (光源可作小角度旋轉)，使經過單縫片的光線正對著半圓心射入 (入射角為 0°)，則光線將筆直通過半圓柱體 (即折射角也為 0°)，到此即可進行實驗。
4. 輕輕轉動角度盤，使入射角為 15°，觀察並記錄此時之折射角。再慢慢增加入射角為 30°、45°、60° 及 75°，一一記錄其對應之折射角。如圖 1 所示。
5. 回復至步驟 3 的狀況，再將角度盤向另一方向輕輕轉動，同樣使入射角依次為 15°、30°、45°、60° 及 75°，再一一記錄其對應之折射角。
6. 分別算出入射角及折射角的正弦值，取其相對應的正弦值之比，即得折射率，再將所有折射率之值平均之。
7. 取【待測物之二：半圓柱體 (玻璃製)】，重複步驟 3 至 6 之實驗。
8. 取【待測物之三：壓克力磚】，放在記錄紙上，畫出其形狀，如圖 2 所示，重複步驟 3 至 6 之實驗，並在記錄紙上，一一畫出光的路程，從路程圖中，觀察光的入射線及出射線是否平行，即可知道壓克力磚的兩邊是否平行。
9. 取【待測物之四：玻璃磚】，放在記錄紙上，畫出其形狀，如圖 2 所示，重複步驟 3 至 6 之實驗，並在記錄紙上，一一畫出光的路程，從路程圖中，觀察光的入射線及出射線是否平行，即可知道玻璃磚的兩邊是否平行。

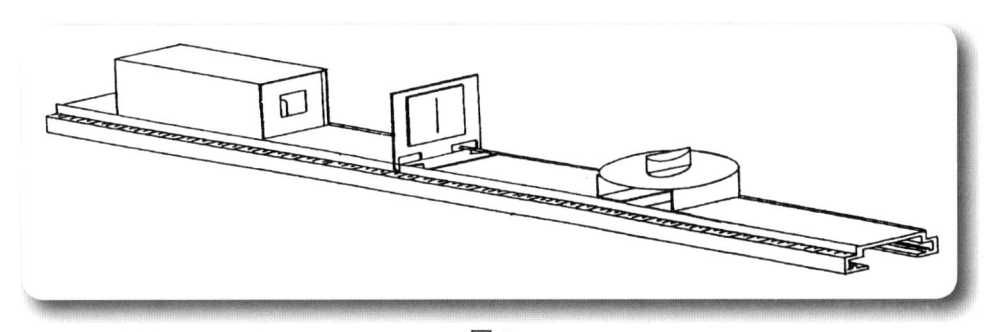

圖 3

折射定律實驗報告

記　錄

1. 待測物一：半圓柱體 (壓克力)

	入射角 i	$\sin i$	折射角 r	$\sin r$	折射率 $n = \sin i / \sin r$
左側	15°				
	30°				
	45°				
	60°				
	75°				
右側	15°				
	30°				
	45°				
	60°				
	75°				

平均折射率 $n =$ _____ 。

2. 待測物二：半圓柱體 (玻璃)

	入射角 i	$\sin i$	折射角 r	$\sin r$	折射率 $n = \sin i / \sin r$
左側	15°				
	30°				
	45°				
	60°				
	75°				
右側	15°				
	30°				
	45°				
	60°				
	75°				

平均折射率 $n =$ _____ 。

3. 待測物三：壓克力磚

	入射角 i	sin i	折射角 r	sin r	折射率 n = sin i / sin r
左側	15°				
	30°				
	45°				
	60°				
	75°				
右側	15°				
	30°				
	45°				
	60°				
	75°				

平均折射率 $n =$ _____ 。

4. 待測物四：玻璃磚

	入射角 i	sin i	折射角 r	sin r	折射率 n = sin i / sin r
左側	15°				
	30°				
	45°				
	60°				
	75°				
右側	15°				
	30°				
	45°				
	60°				
	75°				

平均折射率 $n =$ _____ 。

問 題

1. 折射率可分為絕對折射率及相對折射率，試分別解釋之？

答：＿＿＿＿＿＿＿＿＿＿＿＿＿＿＿＿＿＿＿＿＿＿＿＿＿＿＿＿

2. 設玻璃之折射率為 3/2，水的折射率為 4/3，如將玻璃放在水中，而光線從水中進入玻璃，求玻璃對水的折射率？

答：＿＿＿＿＿＿＿＿＿＿＿＿＿＿＿＿＿＿＿＿＿＿＿＿＿＿＿＿

討 論

稜鏡折射實驗

目 的

使用精緻光源或雷射光源，觀察及測量下列現象：

1. 三稜鏡分光的現象。
2. 三稜鏡全反射的現象。
3. 三稜鏡折射率之測定。

原 理

一、三稜鏡分光的現象

如圖 1 所示，一般三稜鏡是以玻璃或透明材料製成的三角柱體，有成正三角形或直角等腰三角形。

當一束白光 (白熾燈光) 經三稜鏡折射後，會產生一列色光，並按紅、橙、黃、綠、藍及紫之次序排列，如圖 1 所示，如進一步加以觀察，我們可以發現紅色光的偏轉角度最小，紫色光的偏轉角度最大，這是不同頻率的色光，在同一介質內的折射率不同所引起的現象，因此三稜鏡具有分光的作用。

二、三稜鏡全反射的現象

如圖 2 及圖 3 所示，光線由光密介質 (如玻璃) 射入光疏介質 (如空氣)，當入射角不大時，折射角大於入射角，此時有反射與折射現象。

當入射角逐漸增大到某一特定角度時，折射線將沿界面行進，亦即折射角為 90°，此時之入射角稱為臨界角。

當入射角再增大時，不再有折射線，所有的入射線均由界面返回光密介質中，且反射線遵守反射定律，即入射角 = 反射角。

光線由光密介質射入光疏介質，當其入射角大於臨界角時，所有的光線將自界面反射回到光密介質中，此現象稱為全反射。

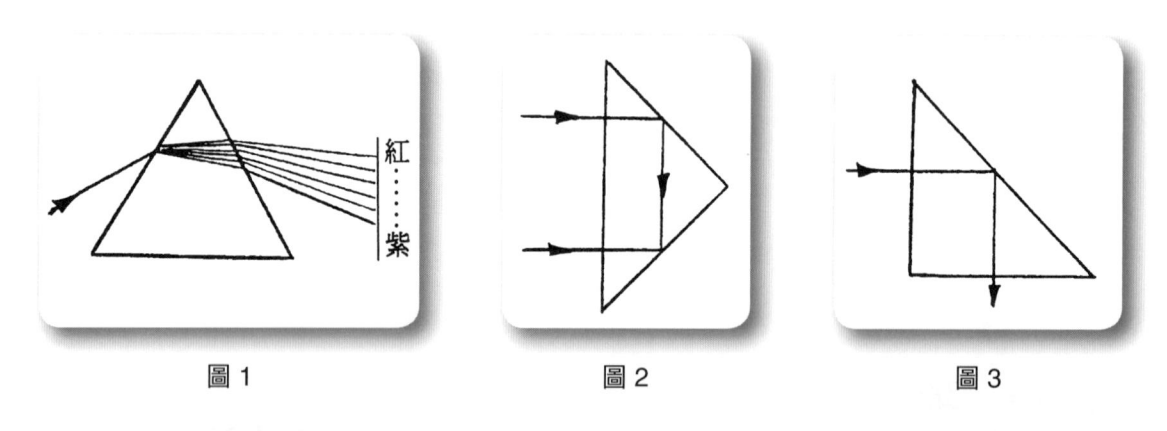

圖 1　　　　　圖 2　　　　　圖 3

三、三稜鏡折射率之測定

使用單色光入射於三稜鏡的某一面，經兩次折射後，光的進行方向與原來的入射方向所夾之角，稱為偏向角 δ。

如圖 4 所示，如改變入射角，則可得不同的偏向角，而在所有的偏向角中，可找到一個最小的，稱為最小偏向角 δ_m，只要知道三稜鏡的頂角及最小的偏向角，就可算出三稜鏡的折射率。

在圖 4 中，設 A 為頂點，AC 為入射面，AB 為出射面，$\angle A$ 為頂角，$\angle 1$ 為入射角，$\angle r$ 為折射角，$\angle 4$ 為出射角，則最小的偏向角可由幾何關係導出。

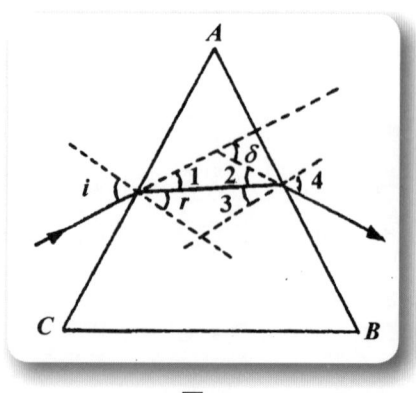

圖 4

偏向角　$\delta = \angle 1 + \angle 2$
$ = (\angle i - \angle r) + (\angle 4 - \angle 3)$
$ = (\angle i + \angle 4) - (\angle r + \angle 3)$
$ = (\angle i + \angle 4) - \angle A$

當 $\angle i = \angle 4$，偏向角 δ 就是最小偏向角 δ_m，即

$$\delta_m = 2\angle i - \angle A$$
$$\therefore \angle i = (\delta_m + \angle A)/2 \tag{1}$$

同時
$$\angle r = \angle 3 = \angle A/2 \tag{2}$$

將 (1)、(2) 式代入折射率的定義，得三稜鏡的折射率 n 為：

$$n = \frac{\sin i}{\sin r} = \frac{\sin[(\delta_m + \angle A)/2]}{\sin(\angle A/2)} \tag{3}$$

儀　器

1. 精緻光學吸附平台。
2. 精緻光源或雷射光源。
3. 精緻光具座。
4. 角度盤座。
5. 角度盤。
6. 單縫片。
7. 濾色片(紅、綠、藍)。
8. 三稜鏡座。
9. 精緻像屏。
10. 正三角稜鏡。
11. 直角等腰稜鏡。

步　驟

圖 5

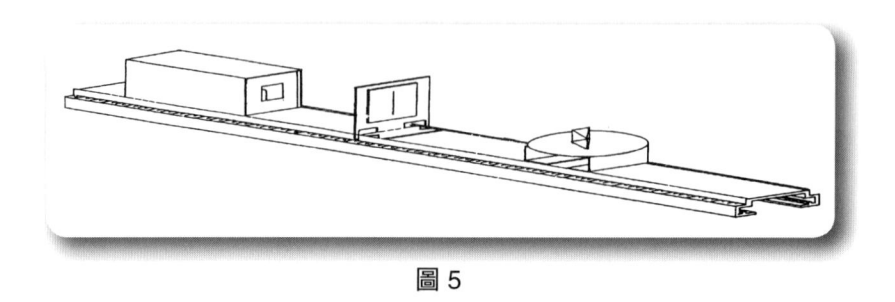

一、使用精緻光源

1. 三稜鏡分光的現象

    (1) 儀器裝置如圖 5 所示，精緻光源、光具座及角度盤座，分別放置於光學吸附平台上，單縫片吸附在光具座，角度盤放在角度盤座上，三稜鏡座放置於角度盤中心處。

    (2) 打開光源，調整光源及單縫片的位置，使光線恰好通過角度盤上的座標軸，取正三角稜鏡放在稜鏡座上，則光經三稜鏡兩次折射後會產生色散，拿著精緻像屏觀察將更清楚，在觀察中，可以輕輕轉動稜鏡座，以求最好的效果。

    (3) 換直角等腰稜鏡，重複上述實驗。

2. 三稜鏡全反射的現象

    (1) 儀器裝置如圖 5 所示，精緻光源、光具座及角度盤，分別放置於光學吸附平台上，單縫片吸附在光具座，角度盤放在角度盤座上，三稜鏡座放置於角度盤中心處。

    (2) 打開光源，調整光源及單縫片的位置，使光線恰好通過角度盤上的座標軸，取正三角稜鏡放在稜鏡座上，並取一濾色片 (紅) 吸附在光具座的另一面，則可以觀察到，紅色光入射三稜鏡內及從稜鏡折射出的折射現象，輕輕轉動稜鏡座，當轉至某特定位置，則我們可以看到光在稜鏡內有反射的現象，這樣的現象，稱為全反射。

    (3) 再換另一濾色片，重複上述實驗。

    (4) 換直角等腰稜鏡，重複上述實驗。

3. 三稜鏡折射率之測定

(1) 儀器裝置如圖 5 所示，精緻光源、光具座及角度盤，分別放置於光學吸附平台上，單縫片吸附在光具座，角度盤放在角度盤座上，三稜鏡座放置於角度盤中心處。

(2) 打開光源，調整光源及單縫片的位置，使光線恰好通過角度盤上的座標軸，取正三角稜鏡放在稜鏡座上，頂角落在另一座標軸，且頂角兩鏡面 AC 及 AB 對稱於座標軸，並取一濾色片 (紅) 吸附在光具座的另一面，則紅色光經稜鏡兩次折射後，偏離入射線，以某一偏向角出現在角度盤上，輕輕向左或向右轉動稜鏡座，使偏向角減小，再繼續旋轉，則可看見偏向角減小到某一角度後，反而增大，如此某一角度就是最小偏向角 δ_m，並記錄之。

(3) 旋轉稜鏡座使紅色光從頂角的另一面 (AB) 入射，重複上一步驟，並將此兩最小偏向角平均。

(4) 取下三稜鏡，測量頂角 (A)，連同最小偏向角 δ_m 代入公式 (3)，算出折射率。

(5) 再換另一濾色片，重複上述實驗。

(6) 換直角等腰稜鏡，重複上述實驗。

二、使用雷射光源

1. 三稜鏡分光的現象：因為雷射光是單色光，所以沒有分光現象。

2. 三稜鏡全反射的現象

(1) 儀器裝置如圖 6 所示，將角度盤座置於精緻光學吸附平台上，雷射光源置於平台左邊，角度盤放在角度盤座上，三稜鏡座則放置於角度盤中心處。

(2) 打開雷射光源，使光線恰好通過角度盤上的座標軸，取正三角稜鏡放在稜鏡座上，輕輕轉動稜鏡座，當轉至某特定位置，則我們可以看到光在稜鏡內有

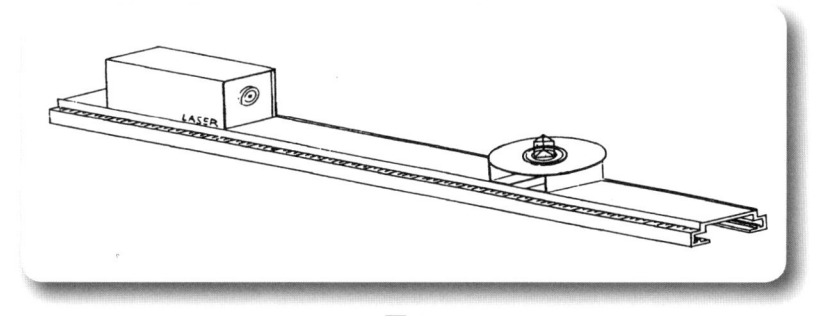

圖6

反射的現象，稱為全反射。
(3) 換直角等腰稜鏡，重複上述實驗。

3. **三稜鏡折射率之測定**
   (1) 儀器裝置如圖 6 所示，將角度盤座置於精緻光學吸附平台上，雷射光源置於平台左邊，角度盤放在角度盤座上，三稜鏡座則放置於角度盤中心處。
   (2) 打開雷射光源，使光線恰好通過角度盤上的座標軸，取正三角稜鏡放在稜鏡座上，頂角落在另一座標軸，且頂角兩鏡面 AC 及 AB 對稱於座標軸，則雷射光經稜鏡兩次折射後偏離入射線，以某一偏向角出現在角度盤上，輕輕向左或向右轉動稜鏡座，使偏向角減小，再繼續旋轉，則可看見偏向角減小到某一角度後，反而增大，如此某一角度就是最小偏向角 δ_m，並記錄之。
   (3) 旋轉稜鏡座使雷射光從頂角的另一面 (AB) 入射，重複上一步驟，並將此兩最小偏向角平均。
   (4) 取下三稜鏡，測量頂角 (A)，連同最小偏向角 δ_m 代入公式 (3)，算出折射率。
   (5) 換直角等腰稜鏡，重複上述實驗。

稜鏡折射實驗報告

記　錄

一、使用精緻光源

1. 三稜鏡分光的現象

　　觀察結果：_____
　　_____
　　_____

2. 三稜鏡全反射的現象

　　觀察結果：_____
　　_____
　　_____

3. 三稜鏡折射率之測定

　　(1) 正三角形稜鏡　　　　頂角 A = _____ 。

濾色片	最小偏向角 δ_m			折射率 n
	左	右	平均	
紅				
綠				
藍				

　　(2) 直角等腰稜鏡　　　　頂角 A = _____ 。

濾色片	最小偏向角 δ_m			折射率 n
	左	右	平均	
紅				
綠				
藍				

二、使用雷射光源

1. 三稜鏡全反射的現象

觀察結果：_____

_____

_____

2. 三稜鏡折射率之測定

(1) 正三角形稜鏡　　　頂角 $A =$ _____ 。

次　數	最小偏向角 δ_m			折射率 n
	左	右	平均	
1				
2				
3				

(2) 直角等腰稜鏡　　　頂角 $A =$ _____ 。

次　數	最小偏向角 δ_m			折射率 n
	左	右	平均	
1				
2				
3				

問　題

1. 何謂臨界角？何謂全反射？

答：_____

_____

_____

_____

_____

2. 從實驗結果，討論同一物體對不同色光的折射率變化情形？

答：

討　論

凸透鏡成像實驗

目 的

研習凸透鏡之成像情形,並決定其焦距及放大率。

原 理

一物體放在一個凸透鏡前,此物體每一點所發出的光,當它抵達凸透鏡時,依折射定律,這些光線會改變方向,穿過透鏡後會聚成像,如圖 1 所示。

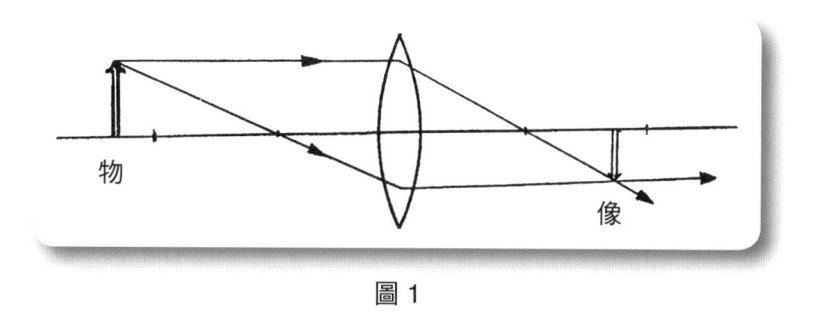

圖 1

其中 p = 物體至鏡面之距離 (簡稱物距)。

q = 像至鏡面之距離 (簡稱像距)。

f = 透鏡的焦距。

根據光的折射定律、三角函數及近似值,我們可推論出凸透鏡的成像公式:

$$1/p + 1/q = 1/f \tag{1}$$

而放大率 M 則為

$$M = q/p \tag{2}$$

在實驗中，先調整物距 p，再量得像距 q，就可算出凸透鏡的焦距及放大率，並可與測量像的大小及物的大小所得之放大率相比較。

儀　器

1. 精緻光學平台。
2. 精緻光源。
3. 精緻光具座。
4. 精緻矢形孔。
5. 精緻像屏。
6. 待測物之一：凸透鏡 ($f = +75$ mm)。
7. 待測物之二：凸透鏡 ($f = +100$ mm)。
8. 待測物之三：凸透鏡 ($f = +150$ mm)。

步　驟

1. 儀器裝置如圖 2 所示，光源及三個光具座放在光學台上，精緻矢形孔吸附在距光源約 10 cm 處的光具座上，精緻像屏吸附在距光源約 80 cm 處的光具座上，待測凸透鏡則吸附在中間的光具座上。
2. 先調整待測凸透鏡與精緻矢形孔間的距離 (物距) 為 50 cm，打開光源，調整光軸使光通過精緻矢形孔，再穿過凸透鏡，到達精緻像屏上，移動像屏使所成矢形孔像最清晰為止，測量此時像屏與凸透鏡間的距離 (像距)，並記錄之。
3. 測量矢形孔的高度 (物高) 記為 H_o，再量像屏上同一矢形孔成像的高度 (像高) 記為 H，像高 H 除以物高 H_o 就是放大率 M。
4. 依次將物距調為 40、30、20 及 10 cm，如步驟 2 可得相對應之像距，並一一記錄之。(在本實驗中,如繼續將物距縮小,則我們將無法在像屏上觀察到成像,此時即在鏡後成像,稱為虛像。)

5. 從量得的物距及像距,算出凸透鏡的焦距及放大率。焦距值可與凸透鏡上之標示值比較之。放大率可與步驟 3 所得之值比較。

6. 取另一待測凸透鏡,重複步驟 2 至 5,一直到所有待測透鏡都實驗完為止。

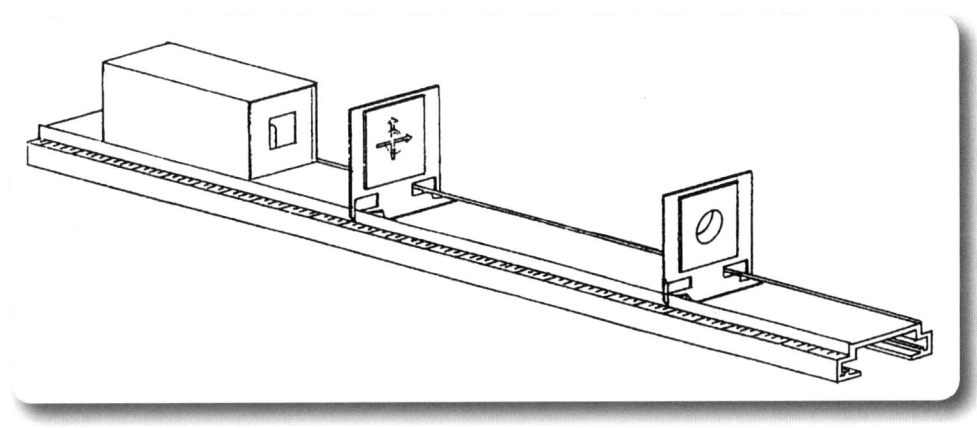

圖 2　儀器裝置

凸透鏡成像實驗報告

記　錄

一、凸透鏡：(焦距標示值 $f = +75$ mm)

物距 p (cm)	像距 q (cm)	焦距 f (cm)	放大率 M $M = q/p$	物高 H_o (cm)	像高 H (cm)	放大率 M $M = H/H_o$
50						
40						
30						
20						
10						

1. 放大率 $(M = q/p)$ 之平均 = ＿＿＿＿。
2. 放大率 $(M = H/H_o)$ 之平均 = ＿＿＿＿。
3. 焦距 f 之平均 = ＿＿＿＿。
4. 焦距測量百分誤差 ％ = ＿＿＿＿。

二、凸透鏡：(焦距標示值 $f = +100$ mm)

物距 p (cm)	像距 q (cm)	焦距 f (cm)	放大率 M $M = q/p$	物高 H_o (cm)	像高 H (cm)	放大率 M $M = H/H_o$
50						
40						
30						
20						
10						

1. 放大率 $(M = q/p)$ 之平均 = ＿＿＿＿。
2. 放大率 $(M = H/H_o)$ 之平均 = ＿＿＿＿。
3. 焦距 f 之平均 = ＿＿＿＿。
4. 焦距測量百分誤差 ％ = ＿＿＿＿。

三、凸透鏡：(焦距標示值 $f = +150$ mm)

物距 p (cm)	像距 q (cm)	焦距 f (cm)	放大率 M $M = q/p$	物高 H_o (cm)	像高 H (cm)	放大率 M $M = H/H_o$
50						
40						
30						
20						
10						

1. 放大率 ($M = q/p$) 之平均 = _____ 。

2. 放大率 ($M = H/H_o$) 之平均 = _____ 。

3. 焦距 f 之平均 = _____ 。

4. 焦距測量百分誤差 % = _____ 。

問　題

1. 試導出凸透鏡的成像公式 (1)？

　　答：_____

　　_____

　　_____

　　_____

　　_____

2. 一物體放在焦距為 12 cm 的凸透鏡前 20 cm 處，求成像位置及放大率，實像或虛像？如將物體移至鏡前 8 cm 處，則又如何？

　　答：_____

　　_____

　　_____

　　_____

　　_____

討　論

凹透鏡成像實驗

目 的

研習凹透鏡之成像情形,並決定其焦距及放大率。

原 理

一物體放在一個凹透鏡前,此物體每一點所發出的光,當它抵達凹透鏡時,依折射定率,這些光線會在凹透鏡處改變方向,穿過透鏡後會發散無法成像,如圖1所示,但其延長線卻可相交於鏡前而成虛像。

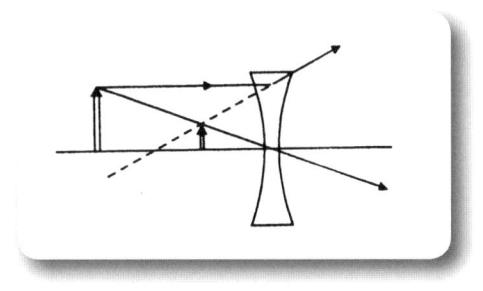

圖1 凹透鏡之成像

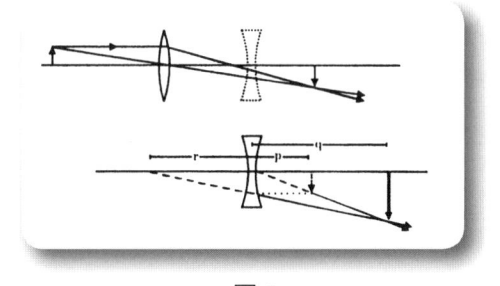

圖2

其中　p = 物體至鏡面之距離 (簡稱物距)。

　　　q = 像至鏡面之距離 (簡稱像距)。

　　　f = 透鏡的焦距。

規定:物距 (p) 在鏡前為 "+",在鏡後為 "−";而像距在鏡後為 "+",在鏡前為"－"；凸透鏡之焦距一定為"＋"。

根據光的折射定率、三角函數及近似值，我們可推論出凸透鏡的成像公式：

$$1/p + 1/q = 1/f \qquad (1)$$

而放大率 M 則為
$$M = q/p \qquad (2)$$

在實驗中，因其成像是虛像，必須藉助一個凸透鏡才能見到實像 (如圖 2 所示)，先測量物距 p (負值)，再量得像距 q (正值)，就可算出凹透鏡的焦距及放大率，並可與測量像的大小及物的大小所得之放大率相比較。

儀 器

1. 精緻光學平台。
2. 精緻光源。
3. 精緻光具座。
4. 精緻矢形孔。
5. 精緻像屏。
6. 待測物之一：凹透鏡 ($f = -75$ mm)。
7. 待測物之二：凹透鏡 ($f = -100$ mm)。
8. 待測物之三：凹透鏡 ($f = -150$ mm)。
9. 凸透鏡 ($f = +100$ mm)。

步 驟

1. 儀器裝置如圖 3 所示，光源及三個精緻光具座放在精緻光學平台上，精緻矢形孔吸附在距光源約 10 cm 處的精緻光具座上，精緻像屏吸附在距光源約 60 cm 處的精緻光具座上，將凸透鏡吸附在中間的精緻光具座上。
2. 先調整待測凸透鏡與精緻矢形孔間的距離 (物距) 25 cm，打開光源，調整光軸使光通過精緻矢形孔，再穿過凸透鏡，到達精緻像屏上，移動像屏使所成矢形孔像最清晰為止，記錄此時像屏所在位置的刻度為 A，並測量此時像的高度 H_o，作為凹透鏡的物高。

3. 將待測凹透鏡吸附在第四個精緻光具座上，然後放在凸透鏡與精緻像屏間 (注意不可移動凸透鏡的位置)，同時移動凹透鏡及精緻像屏，使精緻矢形孔最為清晰，記錄此時凹透鏡所在位置的刻度為 B，精緻像屏所在位置的刻度為 C，精緻像屏上像的高度為 H，如此 $|A-B|$ 就是物距 p，且要加 "−"，$|C-B|$ 是像距 q，為 "+"，代入公式 (1)，即可算出焦距 f，而放大率 $M = H \div H_o$。
4. 依次將凸透鏡與精緻矢形孔的距離調為 20、15 cm，重複步驟 2 及 3，並記錄之。
5. 將所得焦距及放大率平均之，並與凹透鏡上的標示值比較，算出百分誤差。
6. 取另一待測凹透鏡，重複步驟 2 至 5，一直到所有待測透鏡都實驗完為止。

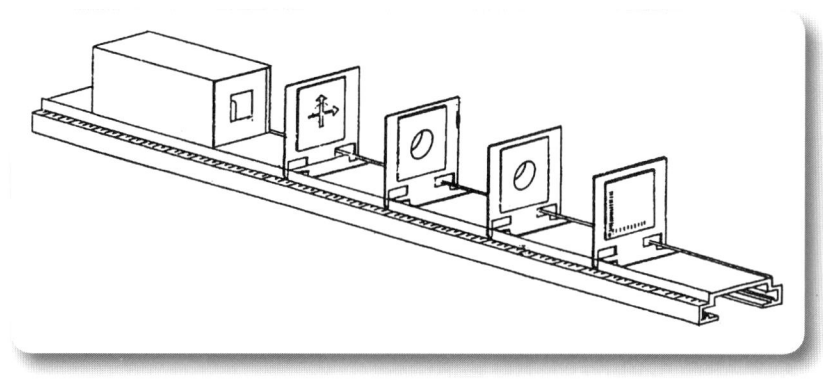

圖 3

凹透鏡成像實驗報告

記　錄

一、凹透鏡：(焦距標示值 $f = -75$ mm)

物距 p (cm)	像距 q (cm)	焦距 f (cm)	放大率 M $M = q/p$	物高 H_o (cm)	像高 H (cm)	放大率 M $M = H/H_o$
50						
40						
30						
20						
10						

1. 焦距 f 之平均 = ＿＿＿＿。
2. 放大率 $(M = q/p)$ 之平均 = ＿＿＿＿。
3. 放大率 $(M = H/H_o)$ 之平均 = ＿＿＿＿。
4. 焦距測量百分誤差 % = ＿＿＿＿。

二、凹透鏡：(焦距標示值 $f = -100$ mm)

物距 p (cm)	像距 q (cm)	焦距 f (cm)	放大率 M $M = q/p$	物高 H_o (cm)	像高 H (cm)	放大率 M $M = H/H_o$
50						
40						
30						
20						
10						

1. 焦距 f 之平均 = ＿＿＿＿。
2. 放大率 $(M = q/p)$ 之平均 = ＿＿＿＿。
3. 放大率 $(M = H/H_o)$ 之平均 = ＿＿＿＿。
4. 焦距測量百分誤差 % = ＿＿＿＿。

三、凹透鏡：(焦距標示值 $f = -150$ mm)

物距 p (cm)	像距 q (cm)	焦距 f (cm)	放大率 M $M = q/p$	物高 H_o (cm)	像高 H (cm)	放大率 M $M = H/H_o$
50						
40						
30						
20						
10						

1. 焦距 f 之平均 = _____。

2. 放大率 ($M = q/p$) 之平均 = _____。

3. 放大率 ($M = H/H_o$) 之平均 = _____。

4. 焦距測量百分誤差 % = _____。

問　題

1. 試比較記錄中兩個放大率的值，算出其誤差？

　　答：_____

　　_____

　　_____

2. 一物體放在焦距為 12 cm 的凹透鏡前 20 cm 處，求成像位置及放大率，實像或虛像？如將物體移至鏡前 8 cm 處，則又如何？

　　答：_____

　　_____

　　_____

討　論

雙狹縫干涉實驗

目 的

利用光的雙狹縫干涉現象，求單色光的波長。

原 理

一、惠更斯學說

1. 光是一種波動，惠更斯於西元 1690 年提出。
2. 每一進行波，其波前上各點均為次波之小波源。
3. 此許多次波所形成的切面即成一新波前。
4. 光行進的軌跡即可由此波動學說來描述。

二、楊格實驗

1. 西元 1801 年，楊格首先以波的干涉實驗，來證實光是一種波動。
2. 光波穿過一雙狹縫後，所發出的波可視為兩個新波源。
3. 各個新波源所發出的波，彼此同相。
4. 所發出的波行進至屏幕上所產生的現象，可由波動學說來解釋。
5. 屏幕上將產生明暗相間的條紋，即波的干涉現象。

图 1

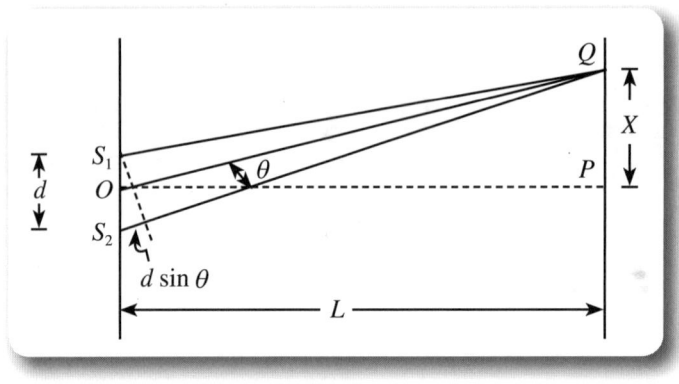

如圖 1 所示，在 Q 點上所產生的干涉情形為

相長性干涉 $d \sin \theta = n\lambda$ ， $n = 0, 1, 2, 3$ (1)

相消性干涉 $d \sin \theta = (m-1/2)\lambda$ ， $m = 1, 2, 3$ (2)

其中， $d = $ 兩狹縫間的距離。

    $\theta = OP$ 與 OQ 所成之夾角。

    $\lambda = $ 所用單色光的波長。

附註：干涉條紋對稱於中央亮紋 ($n = 0$) 之中點 P。

  當 $L \gg X$，則 $\sin \theta = \tan \theta = X/L$，代入式 (1) 及 (2) 得

亮紋： $\boxed{\lambda = dX/nL}$ $n = 0, 1, 2, 3, \cdots$ (3)

($n = 0$ 為中央亮紋；$n = 1$ 為第一亮紋；$n = 2$ 為第二亮紋；…)

暗紋： $\boxed{\lambda = dX/(m - 1/2)L}$ $m = 1, 2, 3, \cdots$ (4)

($n = 1$ 為第一暗紋；$n = 2$ 為第二暗紋；…)

  在實驗上，

 1. 量測 n、X 及 L。

 2. $d = $ 兩狹縫間的距離 (可從狹縫片上的標示值讀取)。

 3. $\lambda = $ 單色光的波長 (依式 (3) 或 (4) 求得)。

附註：如已知單色光的波長，則可校驗兩狹縫間的距離。

儀 器

1. 精緻光學吸附平台。
2. 雷射光源。
3. 精緻光具座。
4. 雙狹縫片 (縫距 0.5 mm)。
5. 雙狹縫片 (縫距 0.25 mm)。
6. 繞射刻度尺。
7. 角度盤座。

步 驟

使用雷射光源 (氦–氖雷射波長 λ = 6328 Å)

1. 儀器裝置如圖 2 所示，將光具座及角度盤座放在精緻光學平台上，雷射光源放在光學平台的一邊，取雙狹縫片 (縫距 0.5 mm)，吸附在光具座上，繞射刻度尺吸附在角度盤座上，調整雙狹縫片與繞射刻度尺間的距離為 L = 80 cm。
2. 打開雷射光源，使光線對準雙狹縫入射，則我們可在繞射刻度尺上，看見一系列的干涉條紋，且左右對稱，在繞射刻度尺上分別量出左右第一、第二及第三亮紋到中央亮紋的距離 (X)，並一一記錄之，再左右平均，即分別得 n = 1、n = 2、n = 3 的相對應值 X_1、X_2 及 X_3。
3. 將所得的數值代入式 (3) 及式 (4)，分別算出波長。
4. 依次調整雙狹縫片與繞射刻度尺間的距離為 100 與 120 cm，重複步驟 1、2、3，

圖2

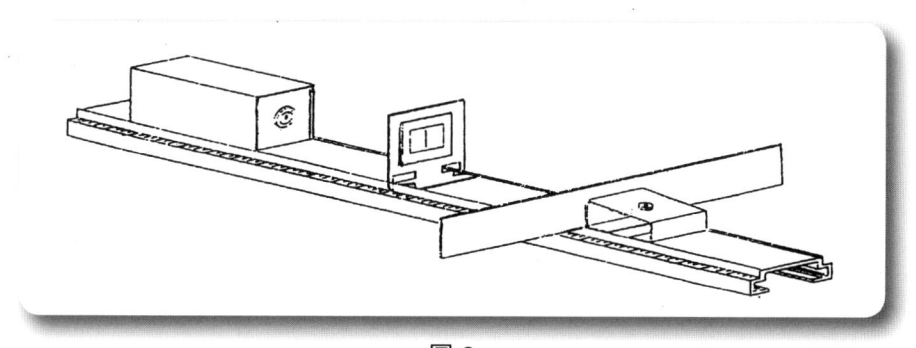

再將所有波長值平均之,並與雷射光波長標示值比較,算出百分誤差。
5. 更換雙狹縫片 (縫距 0.25 mm),重複步驟 1、2、3 及 4。

注意事項

使用雷射光源應注意事項如下:

1. 切勿將雷射光投射到任何人的眼睛。
2. 切勿使眼睛正對光束,或由雷射光出口往內看。
3. 實驗中,如有可能受到雷射光照射,則應戴上護目鏡。
4. 雷射光源內部裝有高壓電源,不可隨意開啟,以免觸電。
5. 不使用雷射時,切勿開機。
6. 在雷射光束路程上,不放置易燃物或反射率高的物體。

雙狹縫干涉實驗報告

記　錄

雷射光源：(氦－氖雷射波長 λ = 6328 Å)

一、雙狹縫片：(d = 0.5 mm)

L (cm)	n	X (mm) 左	X (mm) 右	X (mm) 平均	λ (Å)
100	1				
100	2				
100	3				
120	1				
120	2				
120	3				
140	1				
140	2				
140	3				

1. 波長 λ 之平均 = ＿＿＿＿＿＿。

2. 波長 λ 之百分誤差 % = ＿＿＿＿＿＿。

二、雙狹縫片：(*d* = 0.25 mm)

L (cm)	*n*	*X* (mm) 左	*X* (mm) 右	*X* (mm) 平均	*λ* (Å)
100	1				
100	2				
100	3				
120	1				
120	2				
120	3				
140	1				
140	2				
140	3				

1. 波長 *λ* 之平均 = _____ 。

2. 波長 *λ* 之百分誤差 % = _____ 。

單狹縫繞射實驗

目 的

利用光的單狹縫繞射現象,求單色光的波長。

原 理

一、惠更斯學說

1. 光是一種波動,惠更斯於西元 1690 年提出。
2. 每一進行波,其波前上各點均為次波之小波源。
3. 此許多次波所形成的切面即成一新波前。
4. 光行進的軌跡即可由此波動學說來描述。

二、繞 射

1. 光波穿過一單狹縫後,在狹縫上各點所發出的波,可視為一列新波源。
2. 各個新波源所發出的波,彼此同相。
3. 所發出的波行進至屏幕上所產生的現象,可由波動學說來解釋。
4. 屏幕上將產生明暗相間的條紋,即波的繞射。

图1

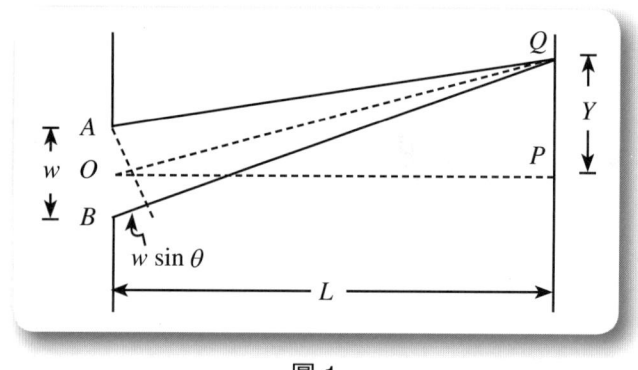

如圖 1 所示，在 Q 點上所產生的干涉情形為

相長性干涉 $\qquad w \sin \theta = (n + 1/2) \lambda \qquad$ (1)

相消性干涉 $\qquad w \sin \theta = n\lambda \qquad$ (2)

其中， $w =$ 單狹縫的寬度

$\theta = OP$ 與 OQ 之夾角

$n = 0$ (中央亮線)，正整數

$\lambda =$ 所用單色光的波長

附註：繞射條紋對稱於中央亮線 ($n = 0$) 之中點 P。

如果 $L \gg Y$，$\sin \theta \simeq \tan \theta = Y/L$，代入式 (1) 及 (2) 得

亮紋： $\qquad \boxed{\lambda = wY/(n + 1/2)L} \quad n = 1, 2, 3, \cdots \qquad$ (3)

($n = 1$ 為第一亮紋；$n = 2$ 為第二亮紋；…)

暗紋： $\qquad \boxed{\lambda = wY/nL} \quad n = 1, 2, 3, \cdots \qquad$ (4)

($n = 1$ 為第一暗紋；$n = 2$ 為第二暗紋；…)

中央亮紋： $\qquad w \sin \theta = 0$，$n = 0$

在實驗上，

1. 量測 n、Y 及 L。
2. $w =$ 單狹縫的寬度 (可從狹縫片上的標示值讀取)。
3. $\lambda =$ 單色光的波長 (依式 (3) 或 (4) 求得)。

附註：如已知單色光的波長，則可校驗單狹縫片的寬度。

儀 器

1. 精緻光學吸附平台。
2. 雷射光源。
3. 精緻光具座。
4. 單狹縫片 ($w = 0.1$ mm)。
5. 單狹縫片 ($w = 0.05$ mm)。
6. 繞射刻度尺。
7. 角度盤座。

步 驟

使用雷射光源 (氦–氖雷射波長 $\lambda = 6328$ Å)

1. 儀器裝置如圖 2 所示，將光具座及角度盤座放在精緻光學平台上，雷射光源放在光學平台的一邊，取單狹縫片 ($w = 0.1$ mm)，吸附在光具座上，繞射刻度尺吸附在角度盤座上，調整單狹縫片與繞射刻度尺間的距離為 $L = 80$ cm。
2. 打開雷射光源，使光線對準單狹縫入射，則我們可在繞射刻度尺上，看見一系列的繞射條紋，且左右對稱，在繞射刻度尺上分別量出左右第一、第二及第三亮紋到中央亮紋的距離 (Y)，並一一記錄之，再左右平均，即分別得 $n = 1$、$n = 2$、$n = 3$ 的相對應值 Y_1、Y_2 及 Y_3。
3. 將所得的數值代入式 (3) 及式 (4)，分別算出波長 λ。
4. 依次調整單狹縫片與繞射刻度尺間的距離為 100 及 120 cm，重複步驟 1、2 及 3，再將所有波長值平均之，並與雷射光波長標示值比較，算出百分誤差。
5. 更換單狹縫片 ($w = 0.05$ mm)，重複步驟 1、2、3 及 4。

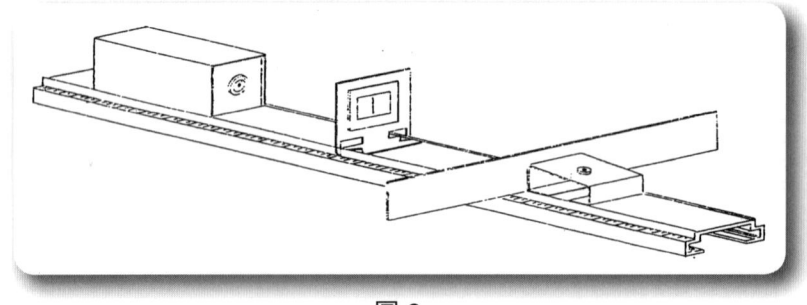

圖 2

注意事項

使用雷射光源應注意事項如下：

1. 切勿將雷射光投射到任何人的眼睛。
2. 切勿使眼睛正對光束，或由雷射光出口往內看。
3. 實驗中如有可能受到雷射光照射，則應帶上護目鏡。
4. 雷射光源內部裝有高壓電源，不可隨意開啟，以免觸電。
5. 不使用雷射時，切勿開機。
6. 在雷射光束路程上，不放置易燃物或反射率高的物體。

單狹縫繞射實驗報告

記　錄

雷射光源：(氦－氖雷射波長 $\lambda = 6328\,\text{Å}$, $1\,\text{Å} = 10^{-10}\,\text{m}$)

一、單狹縫片：($w = 0.1\,\text{mm}$)

L (cm)	n	X (mm) 左	X (mm) 右	X (mm) 平均	λ (Å)
100	1				
100	2				
100	3				
120	1				
120	2				
120	3				
140	1				
140	2				
140	3				

1. 波長 λ 之平均 = ＿＿＿＿＿＿。

2. 波長 λ 之百分誤差 % = ＿＿＿＿＿＿。

二、單狹縫片：(*w* = 0.05 mm)

L (cm)	*n*	*X* (mm) 左	右	平均	λ (Å)
100	1				
	2				
	3				
120	1				
	2				
	3				
140	1				
	2				
	3				

1. 波長 λ 之平均 = ＿＿＿＿。

2. 波長 λ 之百分誤差 % = ＿＿＿＿。

光柵繞射實驗

目　的

觀察光的光柵繞射現象，進而測量單色光的波長。

原　理

西元 1690 年，惠更斯提出一個學說，謂：光是一種波動，每一進行波，其波前上各點均為次波之小波源，此許多次波的切面即成一新波前，以此類推，就可知道光進行的軌跡。

所謂光柵，就是由一列平行等距離等寬度的單狹縫所組成。當光進入一光柵時，光柵上之各點，可視為一列新波源，彼此同相，這些新波源所發出的波，將互相干涉，而在屏幕上產生明暗相間隔的繞射條紋。

如圖 1 所示，

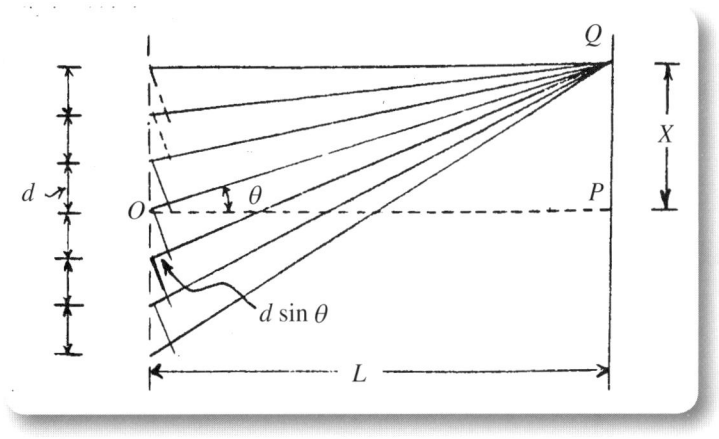

圖 1

設　　λ = 所用單色光的波長

　　　θ = OP 與 OQ 所成之夾角

　　　d = 光柵中任兩狹縫間的距離

則在 Q 點上所產生的干涉情形為

相長性干涉　　　　　　　　　$d \sin \theta = m\lambda$ 　　　　　　　　　(1)

其中，　m = 整數。

　　　　$m = 0$，中央亮紋。

　　　　$m = 1$，從中央亮紋向兩旁算起的第一亮紋。

　　　　$m = 2$，從中央亮紋向兩旁算起的第二亮紋。

依此類推。

　　如果 $L \gg X$，則 $\sin \theta \fallingdotseq \tan \theta = X/L$，代入式 (1) 得

$$\lambda = dX/mL \qquad (2)$$

上式中，m、X 及 L 均可量到，d 則可看光柵片上的標示值，因此我們就可算出單色光的波長 λ 值。如已知單色光的波長，則可校驗光柵片的光柵數。

　　光柵是一種常用的光學元件，在光譜分析上更見重要，使用光柵可以將白熾光源的光波中的各色光分離出來，並可求出各色光的波長。

儀　器

1. 精緻光學吸附平台。
2. 精緻光源或雷射光源。
3. 精緻光具座。
4. 光柵片 (每毫米 100 條狹縫)。
5. 光柵片 (每毫米 528 條狹縫)。
6. 繞射刻度尺。
7. 角度盤座。
8. 濾色片 (紅、綠、藍)。

步　驟

一、使用精緻光源（加濾色片）

1. 儀器裝置如圖 2 所示，精緻光源、角度盤座及精緻光具座，分別置於精緻光學吸附平台上，繞射刻度尺吸附在角度盤座上，精緻光具座的一邊吸住濾色片，另一邊吸住光柵片。
2. 選擇紅色濾色片及光柵片 (每毫米 100 條狹縫) 吸附在精緻光具座的兩邊，距離繞射刻度尺約 50 cm，打開光源，使光線通過繞射刻度尺中的細長小孔，再穿過濾色片，到達光柵片，此時眼睛靠近光柵，則可看見繞射刻度尺上，有許多繞射條紋，左右對稱，如圖 3 所示。
3. 從中央亮紋向兩邊觀察，選擇某一亮紋 (左及右)，數一數距中央亮紋為第幾亮紋，記為 m，並測量其與中央亮紋的距離，記為 X，再量一量光柵片與繞射刻度尺間之距離，記為 L，將所得的數量代入公式 (2)，即可算出波長。

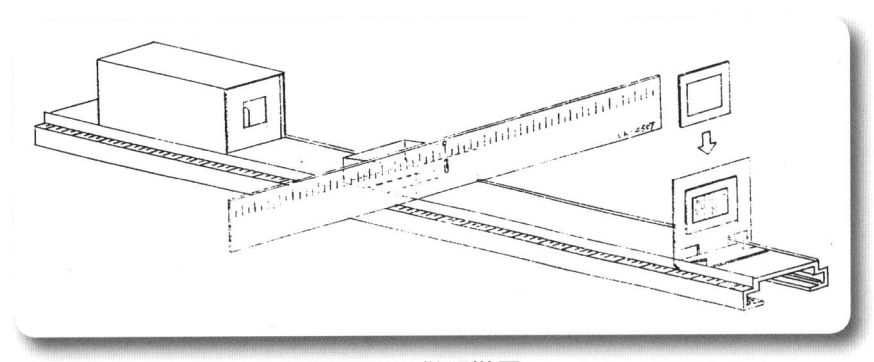

圖 2　儀器裝置

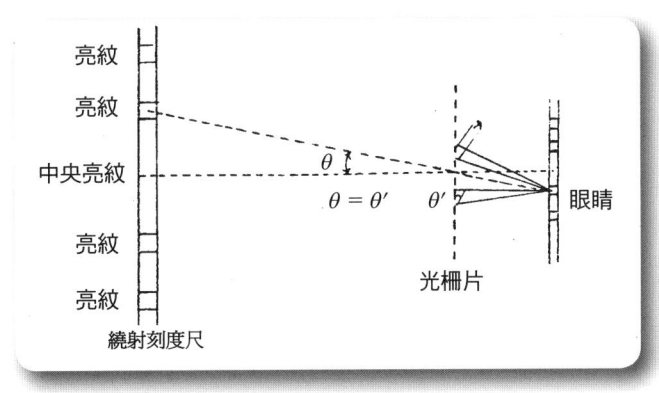

圖 3　光柵繞射條紋

4. 依次更換綠色及藍色濾色片，重複步驟 2 及 3。
5. 更換光柵片 (每毫米 528 條狹縫)，重複步驟 2、3 及 4。

二、使用精緻光源 (不使用濾色片)

1. 儀器裝置如圖 2 所示，但不必使用濾色片，只使用光柵片 (每毫米 528 條狹縫) 吸附在光具座上。
2. 調整光柵片與繞射刻度尺間之距離，約為 50 cm，打開光源，使光線通過繞射刻度尺中的細長小孔，到達光柵片，此時眼睛靠近光柵，透過光柵觀看繞射刻度尺，則可看見尺上有七彩條紋，且左右對稱。
3. 測量每一種色光的左、右第一亮紋 ($m = 1$) 距中央亮紋的距離 (X)，並分別記錄，再仔細測量光柵片與繞射刻度尺間之距離，記為 L。
4. 將所得的數據，代入公式 (2)，算出各種色光的波長。
5. 改變光柵片與繞射刻度尺間之距離，重複步驟 1 至 4。如果繞射光譜中第二亮紋 ($m = 2$)，可以觀察清楚的話，也可用來計算各種色光的波長。

三、使用雷射光源 (氦－氖雷射波長 $\lambda = 6328\ \text{Å}$)

1. 儀器裝置如圖 4 所示，將精緻光具座及角度盤座放在精緻光學吸附平台上，雷射光源放在精緻光學吸附平台的另一邊，取光柵片 (每毫米 100 條狹縫)，吸附在精緻光具座上，繞射刻度尺吸附在角度盤座上，調整光柵片與繞射刻度尺間之距離 $L = 80\ \text{cm}$。
2. 打開雷射光源，使光線對準光柵片入射，則我們可在繞射刻度尺上，可見一系列的繞射條紋，且左右對稱，在繞射刻度尺上分別量出左右第一、第二及第三亮紋到中央亮紋的距離 (X)，並一一記錄之，再左右平均，即分別得 $m = 1$、$m = 2$、$m = 3$ 的相對應值 X_1、X_2 及 X_3。
3. 將所得的數據，代入公式 (2)，分別算出各種色光的波長 λ。
4. 依次調整光柵片與繞射刻度尺間之距離為 100 及 120 cm，重複步驟 1、2 及 3，再將所有波長值平均之，並與雷射光波長標示值比較，算出百分誤差。
5. 改變光柵片 (每毫米 528 條狹縫)，重複步驟 1、2、3 及 4。

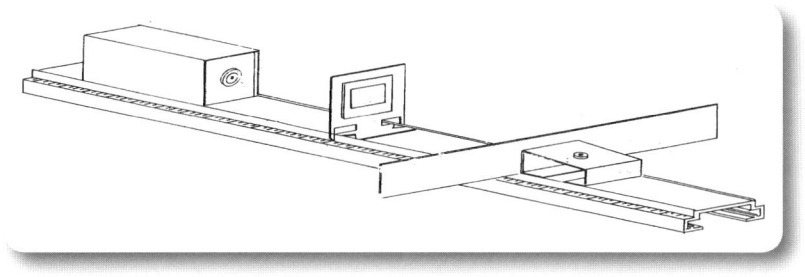

圖 4　儀器裝置

注意事項

　　　使用雷射光源應注意事項如下：

1. 不使用雷射時，切勿開機。
2. 在雷射光束路程上，不放置易燃物或反射率高的物體。
3. 切勿使眼睛正對光束，或由雷射光出口往內看。
4. 切勿將雷射光投射到任何人的眼睛。
5. 雷射光源內部裝有高壓電源，不可隨意開啟，以免觸電。
6. 實驗中，如有可能受到雷射光照射，則應戴上護目鏡。

光柵繞射實驗報告

記　錄

一、使用精緻光源 (加濾色片)

1. 光柵片 (每毫米 100 條狹縫)　　　　$d = $ ＿＿＿＿＿＿ mm。

濾色片	L (cm)	m	X (mm) 左	X (mm) 右	X (mm) 平均	波長 λ (Å)
紅						
綠						
藍						

2. 光柵片 (每毫米 528 條狹縫)　　　　$d = $ ＿＿＿＿＿＿ mm。

濾色片	L (cm)	m	X (mm) 左	X (mm) 右	X (mm) 平均	波長 λ (Å)
紅						
綠						
藍						

二、使用精緻光源

1. 光柵片 (每毫米 100 條狹縫)　　　　$d =$ ＿＿＿＿＿ mm。

色光	L (cm)	m	X (mm) 左	X (mm) 右	X (mm) 平均	波長 λ (Å)
紅						
橙						
黃						
綠						
藍						
紫						

2. 光柵片 (每毫米 528 條狹縫)　　　　$d =$ ＿＿＿＿＿ mm。

色光	L (cm)	m	X (mm) 左	X (mm) 右	X (mm) 平均	波長 λ (Å)
紅						
橙						
黃						
綠						
藍						
紫						

三、使用雷射光源 (氦－氖雷射波長 $\lambda = 6328\,\text{Å}$)

1. 光柵片 (每毫米 100 條狹縫) $d =$ _____ mm。

L (cm)	m	X(mm) 左	X(mm) 右	X(mm) 平均	λ (Å)
90	1				
90	2				
90	3				
100	1				
100	2				
100	3				
120	1				
120	2				
120	3				

平均波長 $\lambda =$ _____。

2. 光柵片 (每毫米 528 條狹縫) $d =$ _____ mm。

L (cm)	m	X(mm) 左	X(mm) 右	X(mm) 平均	λ (Å)
90	1				
90	2				
90	3				
100	1				
100	2				
100	3				
120	1				
120	2				
120	3				

平均波長 $\lambda =$ _____。

問　題

1. 氦-氖雷射光波長 $\lambda = 6328$ Å，入射於一未知縫距的光柵片，在距狹縫 1 m 處的屏幕上產生干涉條紋，某生量得中央亮紋與第二亮紋間的平均距離為 15.8 cm，求此光柵片每毫米有多少條狹縫？

　　答：_____

討　論

望遠鏡原理實驗

目　的

研習望遠鏡的構造及成像原理，並測定組合望遠鏡的角度放大率。

原　理

望遠鏡的構造，主要是由兩透鏡及鏡筒組成，兩透鏡之一為對物透鏡(簡稱物鏡)，另一為對目透鏡(簡稱目鏡)，此兩透鏡均可為凸透鏡，或目鏡也可以凹透鏡取代。鏡筒有一定限度的伸縮量，其長度約為兩透鏡焦距之和。一般望眼鏡的物鏡，其焦距較大，目鏡焦距較小。

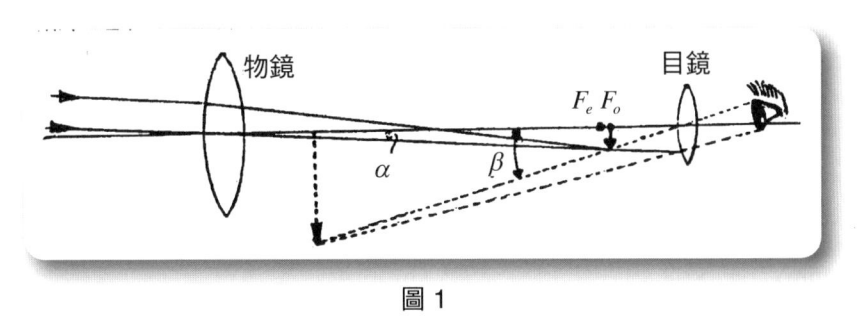

圖 1

望遠鏡的成像原理如圖 1 所示，遠處物體發出的平行光線，通過物鏡後成像於物鏡的焦點 F_o 上 (在目鏡的焦點 F_e 內側不遠處)，此像經目鏡放大後成為鏡前的放大虛像，只要人眼靠近目鏡，此虛像即可在視網脈上生成一實像。望遠鏡的放大倍率 M，依角度放大率，即所成像的角距除以物體對裸眼之角距 (如圖 2 所示)，即

$$M = \frac{\beta}{\alpha} \fallingdotseq \frac{\tan \beta}{\tan \alpha} \fallingdotseq \frac{F_o}{F_e}$$

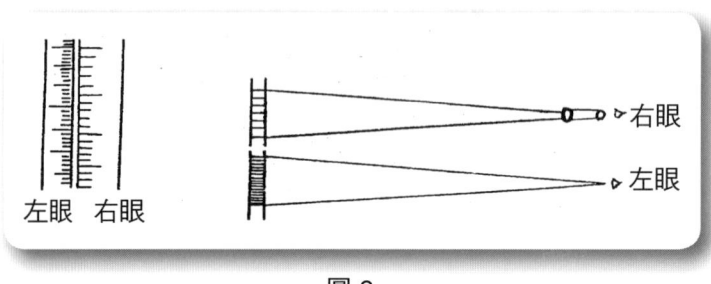

圖 2

儀　器

1. 精緻光學吸附平台。
2. 精緻光具座。
3. 凸透鏡 ($f = +75$ mm)。
4. 凸透鏡 ($f = +100$ mm)。
5. 凸透鏡 ($f = +150$ mm)。
6. 繞射刻度尺 (參考尺)。
7. 精緻像屏 (物體)。

步　驟

1. 儀器裝置如圖 3 所示，精緻光具座三個放置於精緻光學吸附平台上，取凸透鏡 ($f = +75$ mm) 為目鏡吸附在光學平台最右邊的精緻光具座上，取凸透鏡 ($f = +150$ mm) 為物鏡吸附在距目鏡為 25 cm 的精緻光具座上，取精緻像屏 (物體) 吸附在第三光具座的右半部份，並使精緻像屏上的刻度尺，正好落在光具座的中空處，繞射刻度尺 (參考尺) 則直立吸附在第三光具座的左半部份，尺上刻度向外。

2. 調整物體 (精緻像屏) 距物鏡約 50 cm，右眼 (閉左眼) 貼近目鏡觀看物體，並以手移動物鏡 (調焦距) 使右眼能清楚的看見物體上的刻度，張開左眼直接觀看參考尺上的刻度，注意此時兩眼一定要同時看見尺上刻度，右眼看經物鏡及目鏡放大的刻度，左眼看尺上原刻度，記錄右眼所看到的某一間隔 H_o (例如 1 cm 間隔) 相當於左眼所看到的多少間隔 H (例如是 4.5 cm 間隔)，則此時角度放大率 M 就是 H/H_o 倍 (例如 4.5/1 = 4.5 倍)。最後，記錄物體與物鏡間的距離 (簡稱物距 p) 及物鏡與目鏡間的距離 (即鏡筒長度 d)。

3. 依次改變物距 p 約為 60、70 cm 重複上述實驗。如果實驗室空間夠大，可將物體移離光學台，使物距加大為 200、300 cm、⋯，此時調焦距使右眼能清楚看見刻度，但左眼無法看清刻度，則可請另一同學幫忙在刻度尺上作記號，再測量之。
4. 理論上，當物距趨近無窮大，則角度放大率趨近於兩焦距之商，此放大率與本實驗所得相差甚大，其理安在？並請從實驗結果，討論物距的加大，其角度放大率是否愈接近理論值？
5. 更換物鏡及目鏡，重複上述實驗。

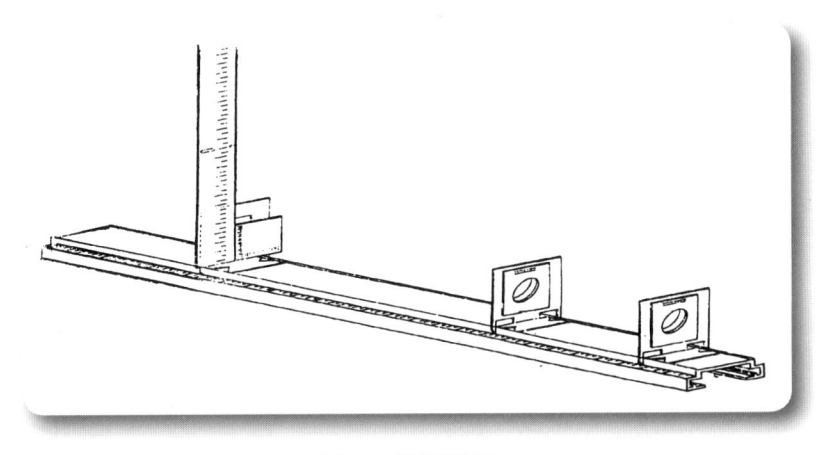

圖 3　儀器裝置

望遠鏡原理實驗報告

記　錄

一、物鏡：凸透鏡 ($f = +150$ mm)
　　目鏡：凸透鏡 ($f = +75$ mm)

物距 p (cm)	鏡筒長 d (cm)	H_o (cm)	H (cm)	放大率 $M = H/H_o$

　　結論：

二、物鏡：凸透鏡 ($f = +150$ mm)
　　目鏡：凸透鏡 ($f = +100$ mm)

物距 p (cm)	鏡筒長 d (cm)	H_o (cm)	H (cm)	放大率 $M = H/H_o$

　　結論：

三、物鏡：凸透鏡 ($f = +150$ mm)
　　目鏡：凸透鏡 ($f = +75$ mm)

物距 p (cm)	鏡筒長 d (cm)	H_o (cm)	H (cm)	放大率 $M = H/H_o$

結論：

問　題

1. 簡述望遠鏡的成像原因？

　　答：

2. 一天文望遠鏡的物鏡焦距為 200 cm，對遠處物體的角度放大率為 150，試計算：

(a) 目鏡焦距？

(b) 物鏡與目鏡間的距離？

　　答：

討 論

顯微鏡原理實驗

目 的

研習顯微鏡的構造及成像原理,並測定組合顯微鏡的角度放大率。

原 理

1. 顯微鏡的構造,主要是由兩透鏡及鏡筒組成,兩透鏡之一為對物透鏡(簡稱物鏡),另一為對目透鏡 (簡稱目鏡),此兩透鏡均為凸透鏡。鏡筒有一定限度的伸縮量,其長度約為兩透鏡焦距之和。一般顯微鏡的物鏡,其焦距較小,目鏡焦距較大。

2. 顯微鏡的成像原理如圖 1 所示,物體發出的光線,通過物鏡後成像於目鏡的焦點 F_e 內側,此像經目鏡後成為鏡前的放大虛像,只要人眼靠近目鏡,就可以看見此放大的虛像。

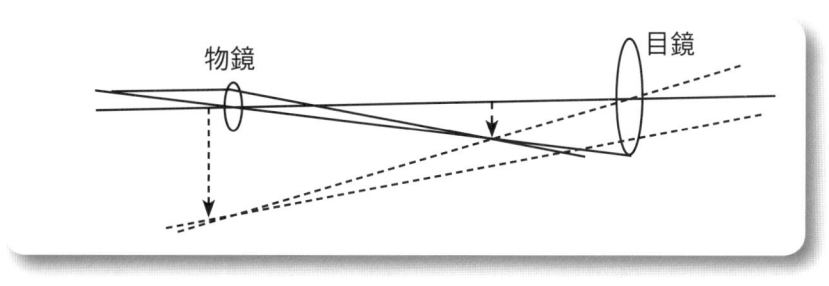

圖 1

3. 顯微鏡的放大倍率 M，依角度放大率，即所成像的角距除以物體對裸眼之角距 (如圖 2 所示)，即

$$M = \frac{\beta}{\alpha} \fallingdotseq \frac{\tan \beta}{\tan \alpha} \fallingdotseq \frac{H}{H_o}$$

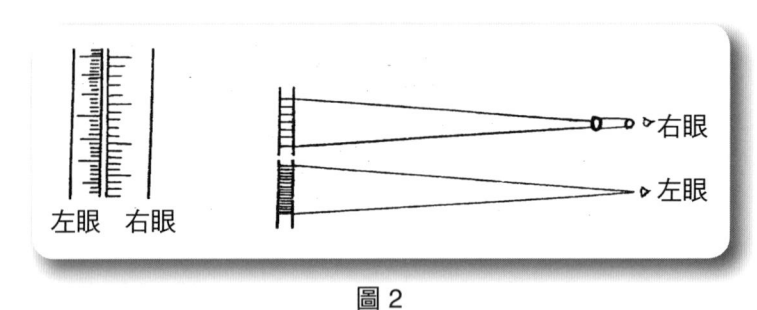

圖 2

儀　器

1. 精緻光學吸附平台。
2. 精緻光具座。
3. 凸透鏡 ($f = +75$ mm)。
4. 凸透鏡 ($f = +100$ mm)。
5. 凸透鏡 ($f = +150$ mm)。
6. 繞射刻度尺 (參考尺)。
7. 精緻像屏 (物體)。

步　驟

1. 儀器裝置如圖 3 所示，精緻光具座三個放置於精緻光學吸附平台上，取凸透鏡 ($f = +150$ mm) 為目鏡吸附在光學平台最右邊的精緻光具座上，取凸透鏡 ($f = +75$ mm) 為物鏡吸附在距目鏡為 25 cm 的精緻光具座上，取精緻像屏 (物體) 吸附在第三光具座的右半部份，並使精緻像屏上的刻度尺，正好落在光具座的中空處，繞射刻度尺 (參考尺) 則直立吸附在第三光具座的左半部份，尺上刻度向外。

2. 調整物體 (精緻像屏) 距物鏡約 15 cm，右眼 (閉左眼) 貼近目鏡觀看物體，並以手移動物鏡 (調焦距) 使右眼能清楚的看見物體上的刻度，張開左眼直接觀看參考尺上的刻度，注意此時兩眼一定要同時看見尺上刻度，右眼看經物鏡及目鏡放大的刻度，左眼看尺上原刻度，記錄右眼所看到的某一間隔 H_o (例如 1 cm 間隔) 相當於左眼所看到的多少間隔 H (例如是 4.5 cm 間隔)，則此時角度放大率 M 就是 H/H_o 倍 (例如 4.5/1 = 4.5 倍)。最後，記錄物體與物鏡間的距離 (簡稱物鏡 p) 及物鏡與目鏡間的距離 (即鏡筒長度 d)。

3. 依次改變物距 p 約為 12、9 cm，重複上述實驗。

4. 更換物鏡及目鏡，重複上述實驗。

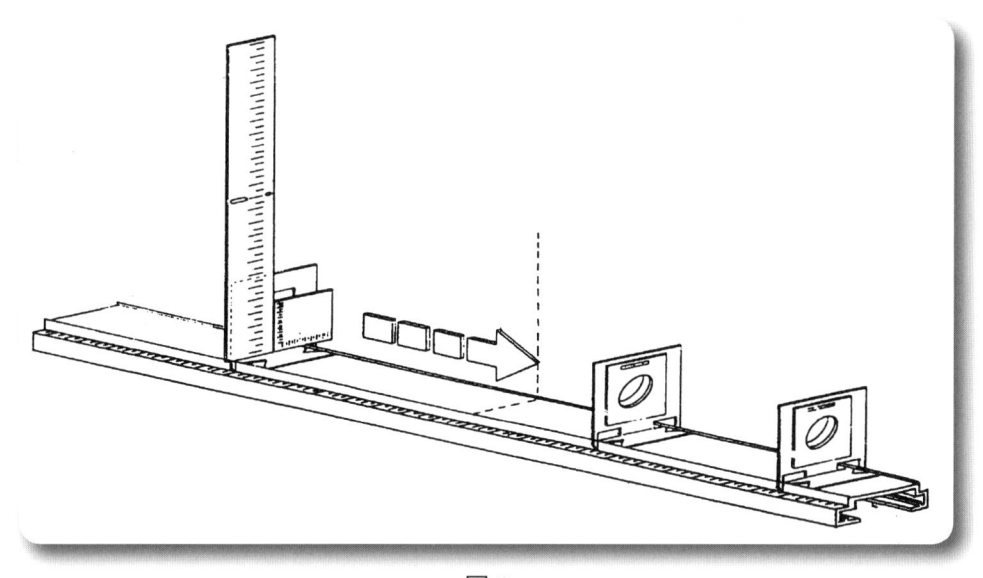

圖 3

顯微鏡原理實驗報告

記　錄

一、物鏡：凸透鏡 ($f = +75$ mm)
　　目鏡：凸透鏡 ($f = +150$ mm)

物距 p (cm)	鏡筒長 d (cm)	H_o (cm)	H (cm)	放大率 $M = H/H_o$

二、物鏡：凸透鏡 ($f = +75$ mm)
　　目鏡：凸透鏡 ($f = +100$ mm)

物距 p (cm)	鏡筒長 d (cm)	H_o (cm)	H (cm)	放大率 $M = H/H_o$

三、物鏡：凸透鏡 ($f = +100$ mm)
　　目鏡：凸透鏡 ($f = +150$ mm)

物距 p (cm)	鏡筒長 d (cm)	H_o (cm)	H (cm)	放大率 $M = H/H_o$

問　題

1. 比較顯微鏡與望遠鏡的異同？
　　答：_____
　　　　_____
　　　　_____

2. 在本實驗中，當物距慢慢減小時，其角度放大率如何變化？如果物距小於物鏡的焦距，則會有何現象？
　　答：_____
　　　　_____
　　　　_____

討　論

實驗 15 表面張力之測定

目 的

使用 Du Nouy 張力計,測定液體的表面張力。

儀 器

1. 表面張力計　　　　　　　　　　　　　　　　　　　　　　　　　　　1 組

(1) 扭力架,Du Nouy 式,最大測量範圍為 180 達因,最小讀數:0.5 達因,附刻度盤及指針,架高 25 cm。

(2) 張力拉環 1 個

銀接點,直徑約 20 cm,線徑約 0.8 mm。

(3) 扭力架保護木箱 1 個。

2. 玻璃皿　　　　　　　　　　　　　　　　　　　　　　　　　　　　　1 個

圓形盛待測液體用,直徑約 9 cm。

3. 待測液體

· 220 ·

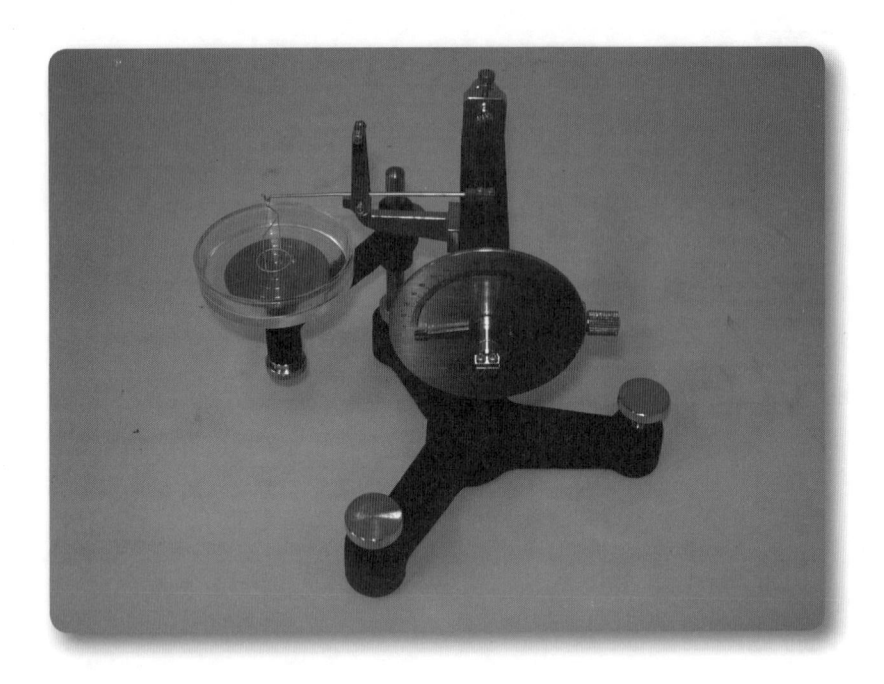

表面張力之測定

目 的

使用 Du Nouy 張力計測定液體的表面張力。

方 法

將一個金屬環之下端浸入液體中,然後液體中提起,當金屬環將要離開液體時,有一層液體之薄膜隨環之下端附著。若將環再往上提,此膜便會破,於是環和液體完全離開,如測定切斷此層液膜之力,即可測得液體之表面張力。

原 理

1. **表面張力**:液體經由分子相互吸引作用凝聚而成,在液體中的分子受到來自四面八方其他分子的吸引力,因此每個方向受力皆相等,合力為零。但在表面上的分受力並不均勻,結果合成一往下的合力。當分子從內部移到表面時需要作功,換言之,表面位能較高,此超過的單位面積表面能稱為**表面張力**。這個表面層約只有幾個分子厚。

2. **所需作之功**:液體表面有表面張力,所以當我們用一環浸在液體中,再提到表面以上時,液體表面積將增加,即需要作功,此功等於增加的表面積乘以表面張力,也就是需要用力去提上金屬環。

設環長為 l，液面至金屬環提上時膜破的距離為 h，而且因為薄膜有上下兩層，所以實際上表面積的增加有兩倍，故所作的功 W 為

$$W = Fh = 2lhT \tag{1}$$

$$T = \frac{F}{2l} \tag{2}$$

其中 T 表表面張力，F 表拉力。

3. **待測液體的表面張力**：假設已知純水的表面張力 T_1，那麼只要測定純水與待測體相對應的拉力 F_1 與 F_2，則待測液體的表面張力 T_2 為

$$\frac{T_2}{T_1} = \frac{F_2/2l}{F_1/2l} \tag{3}$$

$$\therefore T_2 = T_1 \cdot \left(\frac{F_2}{F_1}\right) \tag{4}$$

儀　器

Du Nouy 張力計、金屬圓環、玻璃皿、溫度計、待測液體。

步　驟

如上頁圖。

1. 將指針 E 歸零。
2. 將螺旋 F 放鬆，旋轉 G 使 B 桿恰好從 H 支台浮上之狀態，又將 F 旋緊，固定鋼絲 A。
3. 玻璃皿盛水後置於 J 支持台上，旋轉 I 使金屬圓環 C 與液面確實微微接觸。
4. 旋轉螺旋 D，使鋼絲生一扭力，緩緩將金屬圓環提離液面，至金屬圓環離開液面時為止，記錄此時刻度 F_1，即代表拉力。並重複此步驟四次，取其平均值。
5. 將玻璃皿內液體換成待測液體，重複步驟 3、4，測得刻度 F_2。
6. 量取此時室溫 t，由表查知純水在該溫度的表面張力 T_1，代入式 (4)，待測液體的表面張力 T_2，即可求得。
7. 再取另一液體，重複上述步驟。

附　表

一、水之表面張力：(dyne / cm)

溫度 ℃	0	5	10	15	20	25	30	40	60	80
表面張力	74.64	74.92	74.22	73.49	72.75	71.97	71.18	69.59	66.18	62.61

二、液體的表面張力 (20℃)：(dyne / cm)

液　體	酒精	乙醚	甘油	石油
表面張力	22.3	16.5	63.4	26.0

實驗 16　感應電動勢實驗

目　的

使用原、副線圈，觀察電磁感應現象，藉以了解電磁感應原理。

儀　器

1. 感應線圈組　　　　　　　　　　　　　　　　　　　　　　　　　1 組

(1) 原線圈：銅線繞小木管約 200 圈，附接線端子。
(2) 副線圈：銅線繞大木管約 1,500 圈，固定於木製底座上，並有三接線端子，可使用三組線圈分別為 500、1,000 及 1,500 圈。
(3) 電鍍鐵棒 1 支。
　　附手持木頭帽。

2. 磁鐵棒 　　　　　　　　　　　　　　　　　　　　　　　　　　　1 支

長 15 cm，分為 N、S 極。

3. 檢流計 　　　　　　　　　　　　　　　　　　　　　　　　　　　1 台

$\pm 50\,\mu A$，附台座。

4. 乾電池 (1.5 V，6 號) 　　　　　　　　　　　　　　　　　　　　 1 個

5. 槍型連接線 　　　　　　　　　　　　　　　　　　　　　　　　　4 條

物理實驗

感應電動勢實驗

目 的

研習電磁感應的現象,並驗證冷次定律。

原 理

1. **感應電流及感應電動勢**:西元 1820 年,厄斯特 (Ostered) 發現通電流的導線會在其周圍區域產生磁場,之後,法拉第 (Faraday) 開始思考磁場是否也會產生感應電流?起先,即使利用很大的穩定電流通過導線也是沒有在其鄰近導線上發現感應電流產生。後來在多次的實驗中發現,當電流被切斷或接通時的瞬間,鄰近導線上感應電流計有少許的跳動,更進一步發現,在導線上使用隨時間變化的電流,則在鄰近的導線迴路上會產生感應電流。鄰近的導線迴路上因有電流流動,則導線上必有電位差,這電位差稱為**感應電動勢**。

2. **線圈不動,磁鐵棒動**:如圖 1 所示,線圈兩端連於檢流計,因無電動勢,故檢流計不偏轉;若將磁棒向線圈推進時,則發現檢流計會偏轉,顯示有感應電流產生。若磁鐵對線圈靜止,則檢流計不會偏轉。若磁鐵自線圈退出,檢流計又偏轉,惟方向

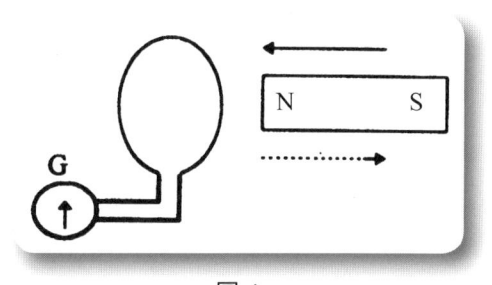

圖1

相反，即線圈內的電流反方向。

3. **線圈不動，但有電流的改變**：如圖 2 所示，兩線圈靠近且相對靜止：當開關 S 閉合時，在右邊線圈內生一電流，接在左線圈之檢流計會瞬時偏轉；當開關 S 開啟後，電流中斷，檢流計又瞬時偏轉，但方向相反。實驗顯示，右邊線圈內電流改變，左邊線圈內即有感應電動勢產生，但重要的是電流的改變率，而非電流的大小。

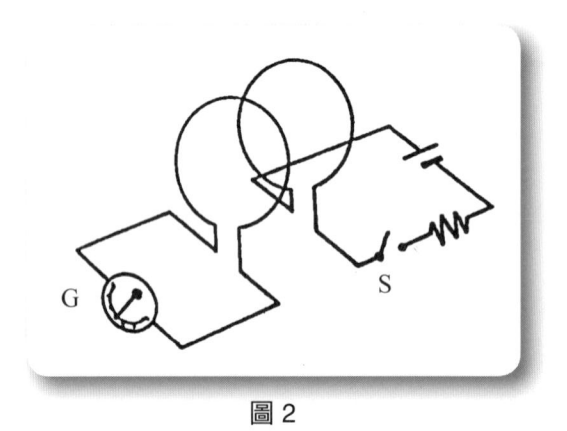

圖 2

4. **法拉第的感應定律**：綜合上兩實驗中，左邊線圈內磁通量 Φ 的變化量可由磁棒或電流迴路產生。即通過一個環導線的磁通量，如果隨時間發生變化，則所生的感應電動勢 ε 與磁通量 Φ 的時間變化率成正比，稱為**法拉第的感應定律**。以方程式表示為 $\varepsilon = -\frac{\Delta \Phi}{\Delta t}$，式中負號表示感應電動勢是在反抗磁通量 Φ 的變化。

5. **冷次定律**：當應應電流沿著感應電動勢方向流動時，此電流產生一感應磁場，用以抵抗產生電動勢之磁通量的改變稱為冷次定律 (Lenz's law)。更是進一步說明此負號的意義。

本實驗中，我們將就幾種能夠產生感應電動勢的情形，逐一給予分別實驗證實：

1. 固定副線圈，把原線圈電流由斷路接成通路之瞬間。
2. 固定副線圈，把原線圈電流由通路切斷之瞬間。
3. 固定副線圈，原線圈為通路，並使它與副線圈做相對運動時。
4. 使磁鐵棒與副線圈有相對運動時。

實驗 16：感應電動勢實驗

同時，也要由簡單的實驗辨別相對運動速度的大小以及副線圈圈數的多寡分別與副線圈產生感應電動勢的關係。

儀　器

1. 原線圈
2. 副線圈
3. 鐵棒
4. 磁鐵棒
5. 乾電池 (或電源供應器)
6. 檢流計
7. 連接線

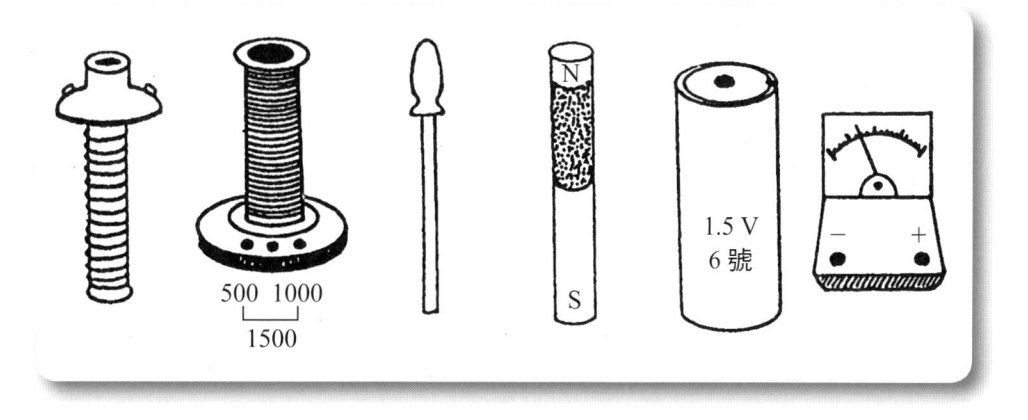

步　驟

一、使用磁鐵棒在副線圈中插入及抽出之相對運動時，觀察副線圈感應電流的方向及大小

1. 在副線圈選擇某一圈數 (以最多圈數較佳) 而與檢流計串聯。
2. 取磁鐵棒 N 極迅速插入副線圈內，記錄檢流計向左或右偏轉及共約略大小。再將磁鐵棒迅速從副線圈內抽出，同樣記錄檢流計向左或右偏轉及其約略大小。
3. 取磁鐵棒 S 極迅速插入副線圈內，記錄檢流計向左或右偏轉及其約略大小。再將磁鐵棒迅速從副線圈內抽出，同樣記錄檢流計向左或右偏轉及其約略大小。
4. 對上述實驗所得的結果下結論。

二、原線圈套入副線圈中，原線圈在通電與斷電之瞬時，觀察副線圈感應電流的方向及大小

1. 將原線圈並套入副線圈中，在副線圈選擇某一圈數 (以最多圈數較佳) 而與檢流計串聯。
2. 原線圈接上電池 (或電源)，當電源開關閉合 (ON) 之瞬間，記錄檢流計向左或右偏轉及其約略大小。再將電源開關開啟 (OFF) 之瞬間，同樣記錄檢流計向左或右偏轉及其約略大小。
3. 將鐵棒放入原線圈內，重複步驟 2 的實驗。
4. 對上述實驗所得的結果下結論。

三、通電的原線圈在副線圈中插入及抽出的相對運動時，觀察副線圈感應電流的方向及大小

1. 將原線圈並套入副線圈中，在副線圈選擇某一圈數 (以最多圈數較佳) 而與檢流計串聯。
2. 原線圈接上電池 (或電源)，電源開關閉合 (ON)，將原線圈迅速從副線圈內抽出，記錄檢流計向左或右偏轉及其約略大小。再將原線圈迅速插入副線圈內，同樣記錄檢流計向左或右偏轉及其約略大小。
3. 將鐵棒放入原線圈內，重複步驟 2 的實驗。
4. 對上述實驗所得的結果下結論。

四、感應電動勢與相對速度之關係

1. 在副線圈選擇某一圈數 (以最多圈數較佳) 而與檢流計串聯。
2. 取磁鐵棒 N 極分別從三個不同高度迅速插入副線圈內，並分別記錄檢流計向左或右偏轉及其約略大小。再將磁鐵棒分別以三種不同速度從副線圈內抽出，同樣分別記錄檢流計向左或右偏轉及其約略大小。
3. 對上述實驗所得的結果下結論。

五、對於不同圈數的副線圈，原線圈 (加鐵棒) 在通電與斷電之瞬時，觀察副線圈感應電流的方向及大小

1. 將原線圈並套入副線圈中，在副線圈選擇某一圈數 (500 圈) 而與檢流計串聯。
2. 原線圈接上電池 (或電源)，當電源開關閉合 (ON) 之瞬間，記錄檢流計向左或右偏轉及其約略大小。再將電源開關開啟 (OFF) 之瞬間，同樣記錄檢流計向左向右偏轉及其約略大小。
3. 選擇副線圈圈數為 1,000 圈，重複步驟 2 的實驗。
4. 選擇副線圈圈數為 1,500 圈，重複步驟 2 的實驗。
5. 對上述實驗所得的結果下結論。

附錄 李氏圖形實驗

儀 器

雙軌示波器 1 台，信號產生器兩台。

原 理

由輸入示波器之垂直及水平軸之交流信號的合成，可求得李氏圖形。

理論與求值

1. 首先假設輸入示波器 X 軸和 Y 軸的信號為兩個具有相同有頻率 w_o，但振幅不同，分別為 A 和 B，相位不同，分別為 α 和 β 的二個波，其方程式如下：

$$x(t) = A \cos(w_o t - \alpha) \tag{1}$$
$$y(t) = B \cos(w_o t - \beta) \tag{2}$$

然後將兩者時間的因子消掉，

$$\begin{aligned} y(t) &= B \cos[w_o t - \alpha + (\alpha - \beta)] \\ &= B \cos(w_o t - \alpha)\cos(\alpha - \beta) - B \sin(w_o t - \alpha)\sin(\alpha - \beta) \end{aligned} \tag{3}$$

令 $\delta \equiv (\alpha - \beta)$，且 $\cos(w_o t - \alpha) = x/A$，故得

$$y = B(x/A)\cos\delta - B\sqrt{1-(\frac{x^2}{A^2})}\sin\delta \tag{4}$$

$$Ay - Bx\cos\delta = -\sqrt{A^2 - x^2}\sin\delta \tag{5}$$

兩邊平方

$$A^2y^2 - 2AB\,xy\cos\delta + B^2x^2\sin^2\delta = A^2B^2\sin^2\delta - B^2x^2\sin^2\delta \tag{6}$$

$$B^2x^2 - 2AB\,xy\cos\delta + A^2y^2 = A^2B^2\sin^2\delta \tag{7}$$

上式既為橢圓方程式。

(1) $\delta = \pm\pi/2$，則式 (7) 為 $B^2x^2 + A^2y^2 = A^2B^2$ 是一容易辨認的橢圓。

(2) $A = B$ 且 $\delta = \pm\pi/2$，則式 (7) 為 $x^2 + y^2 = A^2$，為一圓。

(3) $\delta = 0$ 時式 (7) 為 $B^2x^2 - 2AB\,xy + A^2y^2 = 0$；可得一直線方程式，$y = (B/A)\,x$。

以上所說的情形如圖 1 所示。

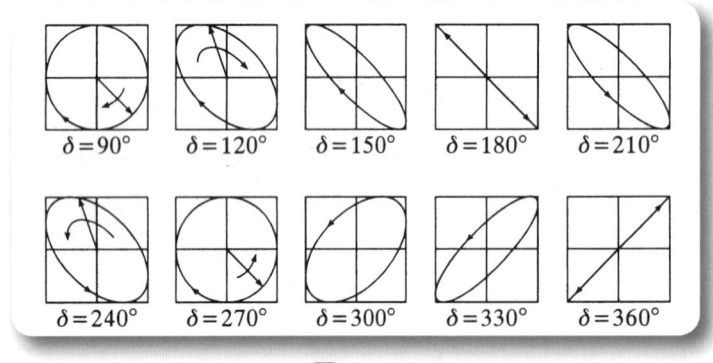

圖 1

2. 上面討論皆為兩波頻率相同的情形，即 $w_x = w_y = w_0$。

若兩波頻率不相同，則路徑不再是橢圓而為**李氏圖形**，如圖 2 所示。

圖 2